少有人走的路

——拥有成熟的心智

辉浩 编著

应急管理出版社

·北 京·

图书在版编目（CIP）数据

少有人走的路：拥有成熟的心智／辉浩编著. --
北京：应急管理出版社，2020
ISBN 978-7-5020-7984-0

Ⅰ.①少… Ⅱ.①辉… Ⅲ.①人生哲学—通俗读物
Ⅳ.①B821-49

中国版本图书馆 CIP 数据核字（2020）第 020918 号

少有人走的路　拥有成熟的心智

编　　著	辉　浩
责任编辑	陈棣芳
封面设计	胡静云

出版发行	应急管理出版社（北京市朝阳区芍药居 35 号　100029）
电　　话	010-84657898（总编室）　010-84657880（读者服务部）
网　　址	www. cciph. com. cn
印　　刷	定州启航印刷有限公司
经　　销	全国新华书店

开　　本	880mm×1230mm$^1/_{32}$　印张　6　字数　110 千字
版　　次	2020 年 6 月第 1 版　2020 年 6 月第 1 次印刷
社内编号	20192995　　　　定价　30.00 元

前　言

深入心灵，是一段艰难的旅程，也是一条少有人走的路。

随着美国心理医生斯科特·派克的杰作《少有人走的路》持续热销，"少有人走的路"这几个字，几乎成为心理治愈的代名词，陪伴人们度过了无数个孤独的夜晚，给那些迷茫、痛苦和心碎的人们带来安慰。

不知从什么时候开始，我们总是看别人不顺眼，活得不好总是抱怨别人。情场不如意，是对方薄情寡义；工作不顺心，是领导的过错、同事的狡诈；生活不幸福，是世态炎凉、运气太糟糕。实际上，你的一切不如意，都是因为你自己的心智不成熟造成的。

也许你现在正承受着痛苦、遭受着磨难，请不要灰心失望，任何时候都要牢记一点：天无绝人之路，更无绝人之境。事实上，人生从来充满了险境，只有跨过这些险滩才能得到生命赐予的礼物。所以，逆境中要告诉自己：我一定能在最深的绝望里，遇见最美丽的惊喜。跌倒了爬起来继续往前走，放弃堕落和脆弱，只要活着，就有希望。

也许你以为自己深陷绝路，你认为所有的努力都是徒劳的，但是只要坚持一下，就会有奇迹发生。很多时候，打败你的不是对手，也不是外部的环境，而是你自己的心智不成熟。没有人能把你逼上绝路，也没有谁可以把你推向深渊，内心强大的人具备常人难以企及的心智，总能在绝望中看到希望。

漫漫人生路，前面有美丽的风景，也有荆棘和坎坷。只要你能拥有一颗进取心，做一个情绪稳定的成年人，就容易应对不期而至的挑战。

虽然成功的机会总是飘忽不定，但只要你心智成熟、内心笃定，你就能永远拥有希望，走向幸福。

本书没有空洞的说教，没有高深的理论，只有推心置腹的经验。作者以独特的视角，结合相关的事例，用最现实的笔触向读者展示了生活和工作中需要注意的方方面面，以求在人生旅途中少一些弯路，多一些平坦。通过阅读本书，你会发现只有心智成熟，才会路路坦途！

目　录

第一章

通往坚忍的心路：耐得一时苦才会享受一世甜

在寂寞中才能催生一个人的成长

对每个人来说，如果想突破眼前的人生困境，首先要耐得住寂寞，从而集中精力解决问题，提升应对变革的能力。在寂寞中成长，是你我都要面对的现实。

寂寞降临会带来怎样的体验？有人这样描述："寂寞到来的时候，感觉被抛进一个无底的黑洞，无论怎么挣扎和呐喊，都听不到回音，在狰狞的空间里惴惴不安。"无论追寻事业成功，还是在工作中有所建树，都要苦苦磨砺，承受寂寞带来的精神煎熬。奋斗的人生首先是吃苦的过程，它不能像看电影、听故事那么轻松，必须耐深奥、耐无趣、耐寂寞，而且要经得住形形色色的诱惑。

耐得住寂寞是获取成功的前提，是一个人实现自我成长的基本素质。在寂寞中修炼自我，拒绝赶时髦，不被外界诱惑扰乱心智，才能集中精力潜心于所从事的工作，避免浅尝辄止带来的一事无成。那些有远大志向的人不会沉迷于追求热闹，也不会终日浸泡在欢乐场中，他们在苦苦奋斗中迎来胜利的曙光，用业绩证实自身的价值，品尝苦尽甘来的喜悦。

事实上，寂寞不是一片阴霾，也可以变成一缕阳光。只要你勇敢地接受寂寞，拥抱寂寞，以平和的爱心甘于忍受无人关注的时刻，你会发现：寂寞并不可怕，可怕的是你畏惧寂寞；寂寞也不痛苦，痛苦的是你内心无尽的空虚。

早年，华人导演李安想去美国电影学院读书，结果遭到父亲的强烈反对。父亲说："纽约百老汇每年有几万人去争几个角色，电影这条路走不通。"然而，已经26岁的李安决定放手一搏，毅然前行。

毕业后，李安一度找不到工作，整整7年时间在家做饭带小孩。后来，岳父岳母也看不下去了，于是妻子拿出一笔钱，让李安开个饭馆。显然，不能这样拖下去了，李安不愿拿岳父家的资助，于是决定进修计算机课程，准备找一份安稳的工作。后来，妻子发现了李安的计算机课程表，顺手就把它撕掉了，然后说："安，你一定要坚持自己的理想。"

因为这话，李安没去学计算机，他对明理聪慧的老婆万分感恩。不难想象，如果他当时去学计算机，在多年后就不会有一个华人站在奥斯卡的舞台上领那个很有分量的大奖。

李安的故事告诉我们，人生应该做自己最喜爱的事，而且要坚持到底。把自己喜欢的事做到登峰造极，必将走向成功。如果你热爱文学，就不要听从父母、朋友的谆谆教诲而去经商；如果你热爱旅行，就不要为了稳定每天坐在电脑前工作。

此外，一旦认准了目标就要坚定地执行下去，在寂寞中矢志不渝。盛大创始人陈天桥曾说："很多成功人士其实都是偏执狂，他们一旦认准了一件事情，就会坚持下去，从不会半途而废，也不会轻易改变目标，直到取得成果。"的确，如果一个人能够围着一件事情转，那么全世界都有可能围着他转。

一个人的时间和精力是有限的，无法同时做好几件事情，所以应该将事情按轻重缓急排好序，一件件处理，这才是最有效率的工作方法。而且，对一个人来说，如果一生能将一件事情做到极致，往往也会成就一生的功名。

为了实现心中所愿，你需要耐得住寂寞。当别人选择放弃的时候，你能否坚定地留下来？当诱惑袭来的时候，你能否不为所动？没有坐冷板凳的心态和毅力，很难有所成就。

　　专注是高效的第一要素，那些看似忙碌实则一事无成的人，往往喜欢胡子眉毛一把抓，这样不但效率低下，而且很难取得成果。专注的背后是寂寞，坚持一心一意做好一件事，是有所成就的不二法门。

成功需要多一点儿耐心

"冬天来了，春天还会远吗？"凡事都有一个发展变化的过程，你如果保持足够的耐心，自然会等到成功的那一刻。拥有足够的耐心不仅是优秀的品格，也是梦想成真的人生智慧。

在人生每个阶段，我们都要积极奋进，而后静待瓜熟蒂落。也许此刻你正经历严冬，不敢奢望未来从哪个方向向你投来春晖。如果你能够再多一点儿耐心，多一点儿坚韧，自然容易在稍后某个时刻等来冰雪覆盖下的春绿。

日本民间流传着一个上千年的故事。有两个质朴的渔民，一个叫大郎，一个叫二郎，他们都渴望有朝一日成为百万富翁。

这一天晚上，大郎梦见在小渔村对面的荒岛上有一个寺庙，庙里有七七四十九棵茶花，其中一棵茶花呈娇艳的红色，下面埋着满满一坛黄金。第二天，他迫不及待地划船到了对岸的荒岛上，果然找到了寺庙和茶花，不禁大喜过望。眼下是秋天，等到明年春天茶花盛放，就可以找到黄金了，于是大郎决定住下来。

不料，第二年春风吹过之后，茶花全部是清一色的淡黄色，根本没有红色的花朵。随后，大郎询问庙里的僧人，得知这里从来没有一棵茶花开过红色的花。最后，他失望地离开了。

大郎回到家以后，把这件事跟村里的人说了。二郎听完认为，那棵红色的茶花一定存在，于是他驾船出海，来到寺庙里。此时，又到了秋天，庙里的僧人告诉二郎，没有一棵茶树花是红色的，但是他不愿意放弃，坚持要等等看。

树的春天又来了，二郎终于等来了奇迹——在淡黄色的茶花中，有一棵茶花骄傲地吐出了红艳艳的色彩。接着，他在那棵茶下挖，果然挖到了黄金，由此成了小渔村里最富有的人。

有人曾经说过："我选择为梦想颠沛流离，即使万般辛苦，也不会放弃。"怀揣着激情与梦想，为之不停地努力与奋斗，这是最帅气的身影。相信自己，憧憬明天，努力奔跑，这是每个人在工作中应有的情志与胸怀。

这个世界不曾亏欠每一个人努力的人。保持积极、奋进的工作情绪，通过不断努力收获梦想与财富，才能配得上更好的明天。坚持持续努力并静待奇迹发生，是许多成功者的奋斗轨迹。

不可否认，等待是痛苦的，那种乏味甚至让人发狂。既然坚定了信念，就没有理由怀疑最初的决定，因此剩下的事情就是在坚韧中默默付出、努力奋斗，耐心等待奇迹发生。

一个年轻人到美国留学，希望可以通过打工赚取学费。起初，他到处找工作，干过各种脏乱的差事，吃尽了苦头。不过，他并不气馁，反而认为这种艰苦的磨砺是一种财富。

这一天，年轻人在唐人街的一家中式餐馆帮人洗碗，偶然看到报纸上的一则招聘启事。这是一家电讯公司的招聘广告，招收数名线路监控员，年薪 30000 美元。看到这则消息，年轻人眼前一亮，这份工作与自己的专业吻合，于是他决定拿下这个职位。

凭借出色的专业能力和良好的表现，这位年轻人在面试中过五关斩六将，很快到了签订最终协议的时刻。不料，招聘主管突然问："你有车吗？会开车吗？"原来这份工作需要时常外出查看线路，如果没有车简直一筹莫展。

虽然没有车，但是他毫不犹豫地脱口而出："Yes！"最后，主管与他签订了协议，要求四天后开车来上班。

四天，对于一个没有车也没学过开车的人来说实在是太短了，但是话已出口，由不得他收回。于是，第二天他先去一位朋友那里借了 500

美元，在二手车市场买了一辆甲壳虫。随后三天，他疯狂地学习驾驶技术。

第四天早上，这个年轻人开着车去公司报到，成为一名正式员工。此后，他在工作中迎难而上，积极面对一切挑战，保持足够的定力，逐步成为公司的骨干力量。后来，他成为电讯公司的业务主管，一时间风头无两。

任何工作都不会一帆风顺，当你付出之后没有业绩时，不必充满挫败感，不必在情绪上失望和低落。你还有时间和机会，继续努力，继续奋斗，在未来某个时刻，你的努力终将成就无可替代的自己。

时间不会因为你的焦躁而改变，这个时候，需要的就是耐心等待，耐心是给自己和成功的双重机会。在这个过程中，可以休养生息、调整自己，也许下一秒就会等到成功来敲门。

无论在工作的哪个阶段，无论何时，一定要相信自己的能力，并为此努力。如果不肯付出，不寻求改进方法，终究会一无所得。在工作中，成功就是你比别人更用心，更能坚持。

有宁静的心情就会有收获

面对人类的一切伟大成就，你是否想过，先辈们为了创造这一切而经历无数寂寞的日夜，不得不选择与寂寞结伴而行。其间，他们承受了后人难以想象的磨难和苦楚，才有了丰功伟绩。

虽然人们不可避免地要遭遇各种各样的困难，但只要静下心来坚持到底，不自暴自弃，用百折不挠的精神和执着的信念朝着目标迈进，终有一天能够摆脱压力的困扰，成就自己。

肯德基创办人桑德斯先生在山区的矿工家庭中长大，因为家庭贫困，他很早就辍学了。年轻的时候，桑德斯从事过很多工作，过着飘忽不定的生活。到了晚年，他干脆开了一个小餐馆维持生计。

不幸的是，由于公路改道，餐馆必须关门，这意味着桑德斯马上失业，而他已经 65 岁了。难道余生只能在痛苦和悲伤中度过？显然，他拒绝接受这种命运，人生有无数种可能，唯有自救才是存活之道。

桑德斯从来不是一个任由命运摆布的人，他不甘心靠政府救济过日子。可是，自己没有学历和文凭，也没有资金，更无法指望身边的朋友帮忙，出路在哪里呢？最后，桑德斯想起了小时候母亲制作美味炸鸡，觉得这种美食一定可以推广，从而产生最大经济效益。

后来，经过不断尝试和改进炸鸡方法，桑德斯终于总结出一套美味制作秘诀。随后，他开始四处推销这种炸鸡的经销权。经历了无数次拒绝之后，桑德斯终于在盐湖城卖出了第一个经销权，炸鸡上市以后大受欢迎。毫无疑问，他成功了。

在这个喧嚣的世界里，人们很容易受到一些因素的干扰，以至于难以听到自己内心的声音，难以按照预设的人生道路前行。如果想免受周围事物的干扰，就需要强大的自制能力。一个人能掌控自己的内心，始终牢记"我是谁"，从哪里来，要到哪里去，就不会因外面的诱惑而放弃人生的追求，也不会因生活的坎坷而放弃伟大的梦想。

人的精力和时间是有限的，在有限的时间里，用有限的精力做很多事情，结果就是每件事都只能做一点点。这一点点意味着什么？不是博学多才，而是一事无成。相反，在有限的时间里，用有限的精力去完成一件事情，就很容易在这件事上取得成功。

在喧嚣的世界里专注做好一件事，静下心来做出业绩，必须承受寂寞和孤独。在日常生活、工作中承受应有的孤寂，这是迈向成功的必经之路。谁耐得住寂寞，谁就有宁静的心情，谁有宁静的心情，谁就水到渠成，谁水到渠成谁就会有收获。山川草木无不含情，沧海桑田无不蕴理，那是它们在寂寞之后带给人们的享受。古往今来，能耐住寂寞的人心想事成，永远是命运的主宰。在我们身边，许多人过高地估计自己的野心，其实他们没有跟寂寞认真地较量过。

做什么事情需要坚持，只要奋力坚持下来就会成功。这里的坚持是什么？就是忍受寂寞。每天循规蹈矩地做一件事情，心生厌烦，这也是耐不住寂寞的一种表现。歌德说："谁不能克制自己，他就永远是个奴隶。"这里所说的克制，就是掌控个人情绪、状态的能力。自古代的伟大先哲亚里士多德，到近代的哲学家，都形成了一个共识："美好的人生建立在自我控制的基础上。"

经验表明，有自制力的人有明确的目标和方向，往往能够严于律己，在事业上取得非凡的成功。

要有一颗耐得住寂寞的心

"一个人如果能够控制自己的心境，那他就胜过国王。"独处中自由难得的快乐，是最简单的、快乐的生活之道。当你能够自给自足、怡然自得的时候，你会体验到源源不断的幸福感由内而外流淌。即使身体不允许你参加外界的活动，你仍然可以有充实的内心世界。

然而，不是每个人都能轻易拥有内心的宁静，良好的心态不是一朝一夕就能养成。如果想获得幸福快乐的人生，那就去追求内心的宁静吧！内心宁静的人总能将自己从污浊混沌、烦躁冲动的生活中解脱出来，拥有超然的境界。

1845 年，罗丹 5 岁，由于聪明过人，父亲把他送到了离家不远的耶稣教会学校读书。但是，罗丹对宗教不感兴趣，而是非常喜欢画画。

有一次，大家正在用餐，罗丹发现父亲脚边有一张包装纸，便趴在地上用笔画出了父亲的皮鞋。坐在旁边的哥哥喊道："罗丹，你不好好吃饭，趴在地上干什么？"随后，父亲也忍不住吼起来，并当场让罗丹保证以后好好学习，不再画画了。

从此，罗丹不敢再用包装纸明目张胆地画画了，但是在外面——不管是在马路上还是在墙上，他每天都要画上几笔。

9 岁的时候，罗丹的学习成绩仍然不好。父亲把他送到了叔叔在乡下办的学校读书。在那里，他度过了 4 年光阴，他的绘画天赋让老师感到震惊。

看到罗丹在学习上没有进步，父亲决定让他早点儿挣钱。"无论怎么学习都不见起色，快去找一份工作吧！免得我白养着你。""不，我要学画画。""学画画？谁拿钱送你去学？能当饭吃吗？"

经过一段时间的准备，罗丹考上了一所工艺美术学校。素描老师看了罗丹的习作后，非常高兴，并耐心地给予指导。素描课结束后，该上油画课了，然而颜料和画布都需要钱，罗丹从哪里弄这一笔钱啊？万般无奈之下，他只好放弃画画，转而学习雕塑，因为雕塑课所需的材料无非是木头和泥土，并不花钱。终于，罗丹成为继米开朗琪罗之后欧洲最有成就的雕塑艺术家。

罗丹能够取得巨大的成就，源于他坚韧的性格，以及对艺术的专注精神。长期以来，他全力投身自己热爱的事业，耐得住寂寞，最终成为一代大师。专注的人心无旁骛，能充分释放个人潜能，因此更容易有所成就。

为什么总是感到烦闷和不安，因为内心太过嘈杂了；为什么做事没有头绪，因为没有平和宁静的内心。其实，一切烦恼的根源都来自内心的躁动。心静不下来，眼睛看到的一切都会变形，整个人的状态郁郁寡欢，往往把抱怨挂在嘴边。

每个人一生中的机会都不相同，只要你耐得住寂寞，不断充实、完善自己，当机遇向你招手时，你就能很好地把握，取得成功。有"马班邮路上的忠诚信使"称号的王顺友就是这样一个甘于寂寞、耐得住寂寞的人。

王顺友，四川省凉山彝族自治州木里藏族自治县邮政局投递员，全国劳动模范，2005年当选"感动中国"十大人物。他一直从事着艰苦而平凡的投递工作，多年来一个人骑着一匹马走在乡间小路上，饱尝艰辛与风雨。

四川省凉山地区山高路险，气候恶劣，邮递员一天要经过几个气候带。王顺友经常露宿荒山岩洞，冒着危险穿过乱石丛林，甚至被野兽袭击。由于常年奔波在漫漫邮路上，他一年中有330天左右的时间在大山中度过，长期与多病的妻子和年幼的儿女分离。22年来，他送邮行程累计达26万多公里，相当于走了21个二万五千里长征，相当于围绕地球转了6圈。

一个人长期从事这份工作，难免寂寞和孤独，为此王顺友自编自唱山歌，自得其乐。为了把信件及时地送到群众手中，他常常改道绕行，甚至在风雨中通过艰险的山路。为了给群众捎去生产生活用品，他甘愿绕路、贴钱、吃苦，赢得了大家的高度评价。"为人民服务不算苦，再苦再累都幸福。"这不但是王顺友创作的歌曲，也是他的心声。

那些有所成就的人，都耐住了寂寞，战胜了自己。无论前面的道路多么艰险、多么困苦，唯有笃定地做事，踏踏实实走好每一步，才能迎来胜利的曙光。一个人心态浮躁，做事没有耐性，"三天打鱼两天晒网"，怎么会苦尽甘来呢？

"论至德者不和于俗，成大功者不谋于众"，追求美好品德的人，是不会附和世俗的；而成就大业者往往是不与众人商议的。耐得住寂寞是一个人的品质，不是与生俱来，也不是一成不变，它需要长期的艰苦磨炼和凝重的自我修养、完善。耐得住寂寞是一种有价值、有意义的积累，而耐不住寂寞往往是对宝贵人生的挥霍。

人是群居的动物，离不开与他人相处、合作。不过，从人的内心来看，身边的一切都是外物，认识天下大道需要一个人慎思、明辨，才可以掌握高深的智慧。面对各种是是非非，难有统一定论，不如回归本质寻找答案。做人也是如此，在是与非的环境中生活久了，难免会迷失方向，这时候不妨静下心来，重拾旧我，找回内心的安宁。

成就大业者在其创业初期，都能耐得住寂寞。一个人的生活中有可能会有这样那样的挫折和机遇，但只要你有一颗耐得住寂寞的心，用心去对待和守望，成功一定会属于你。

成熟是从冲动到沉静的蜕变

人是情绪化的动物，难免会在冲动的时候做出过火的举动。但是，因为一时冲动而怒不可遏，往往会因非理性的言行把局面搞砸，最后无法收拾。懂得减少冲动和任性，无疑是个人成熟的表现。

冲动是魔鬼，会把人带入万劫不复的境地。人的火气涌上心头，就会丧失理智，做出一些不理智的举动，明知不可为而为之，到头来只能是害人害己。人们常感叹："世上没有后悔药。"路是自己走出来的，可是为什么世人却又对后悔药念念不忘呢？很大的原因就是，听凭一时冲动做了事，造成的结果却再也不能更改。

人与人之间发生误会是正常的，如果时时冲动，那么我们将一直生活在悔恨中。小到做人，大到治国，皆是如此。冲动会让人一时头脑发热，对周边的环境、对自身的现状缺少客观而清醒的认识。

冲动是魔鬼，但是为什么依然有那么多人仍旧铤而走险，做出一些让人不屑的事情呢？世上没有如果，一时的冲动会让人产生捶胸顿足的懊悔，这种代价未免太大了。

生活中不难见到因为冲动而做出后悔事的人，那些法制节目中泪流满面、身穿囚服的罪犯，很多都是因一时冲动犯下了错。但细数过往，或许也有因为冲动而失策的时候。但后悔是没有任何实际意义的，比起想办法补救，不如在一开始就遏制，更何况，大多数时候我们没有补救的办法。

如果无法抑制自己的冲动，那么就让时间来平抑。当情绪上涌的时候，在心里默默地数几个数，先不去想让自己情绪沸腾的事情，直到时间让我们平静下来。

　　怒火的爆发就像高速飙车，害人害己；理智则是控制车速的关键，也是保护自己和他人的盾牌。愤怒并不是一种勇气，真正的强大心灵是保持冷静、理智。物无美恶，过则为灾。控制好情绪，耐得住冲动。遇事沉得住气，才能使目更明耳更聪，才是深谋远虑之举。

卧薪尝胆，奋发图强

逆境总是与人生相随。成果未得，先尝苦果；壮志未酬，先遭失败，这样的情况在生活中比比皆是。一个人追求的目标越高，就越能敏锐地感受到苦难和挫折的潜伏。先哲说："所有的危机中，都藏匿着解决问题的关键。"人生的挫折和苦难中都蕴含着成长和发展的种子。然而，能够发现这颗种子的人并不多。

对于一幅幅雄浑的风景画来说，它的精妙之处不在于波澜壮阔，不在于姹紫嫣红，往往是不经意的一笔，却有鬼斧神工、画龙点睛之妙。逆境就是人生路上这不经意的一笔，看似多余，让你厌恶，让你不知所措，却是激发人生力量不可或缺的部分。换句话说，挫折能激发人的潜能，增强其韧性和解决问题的能力，能让人格在对抗苦难时不断完善。

在中国商界，史玉柱经历了大起大落，凭借东山再起的精神成为不屈的楷模。20世纪90年代，他曾经是商界风云人物。当时，他通过销售巨人汉卡迅速赚取超过亿元的资本，而巨人集团也成为珠海市明星企业。由此，史玉柱迎来了事业巅峰，一时间自信心极度膨胀，似乎没有办不到的事情。

随后，史玉柱做出了一个重要决定——在珠海建一座巨人大厦，为城市争光。最初，大厦定为18层，但是此后层数节节攀升，一直飙到了72层。虽然大厦的预算超过10亿，而手里的资金只有2亿，但是史玉柱根本停不下来。直到巨人大厦轰然倒地，他才从不可一世的错觉中醒过来。

接着，史玉柱开始四处奔走，寻找资金化解危局，但是大家唯恐避之不及。随之而来的是全国媒体一哄而上，将史玉柱置于万劫不复的境地。1998 年上半年，史玉柱迎来了人生中最难熬的日子。那时候，他连一张飞机票也买不起。焦急、忧虑写在他脸上，整个人失落到了极点。

经历了这次失败，史玉柱开始反思。他意识到，自己以前太癫狂了，在重大决策面前失去理智，怎能不遭遇滑铁卢？于是，他想找一个地方静静，随后到南京过了一年多的隐居生活。

南京中山陵前面有一片树林，史玉柱经常带着书和面包到那里打发时间。在那里，他认真思考，研读了毛泽东的著作，包括第五次"反围剿"及长征的内容。同时，部下在外边做市场，他用手机进行工作调度。

在南京隐居的日子，是史玉柱"卧薪尝胆"的时光。经过一段时间的阅读和思考，史玉柱逐渐找到了自己失败的症结：以前事业发展太顺利，所以忽视了许多潜在的隐患。性格中包含着不成熟、盲目自大的成分，所以导致野心膨胀，最终一败涂地。

痛定思痛之后，史玉柱决心从头再来。二次创业，史玉柱选择了保健品脑白金。对此，许多人并不看好，认为这不过是赌徒的又一次疯狂。但是脑白金一经推出，迅速风靡全国，2000 年月销售额达到 1 亿元，利润达到 4500 万。由此，巨人集团奇迹般地复活了。

东山再起之后，史玉柱手里有了钱，接下来做的第一件事就是还钱。这一举动，再次使他成为焦点，因为这大大超出了人们的预料，更惊诧于他主动还债。其实，当年那个狂热、亢奋、浮躁的小伙子已经不在了，取而代之的是一个沉稳、坚忍和执着的中年人。时光抹平了史玉柱的癫狂，让他在坚韧的修炼之后变得更加成熟了。

行进于人生漫漫的旅程，有绿洲也有沙漠，有平川也有险峰。不要试图躲避逆境，也不要害怕苦难来敲门，逆境正如严寒之于梅花、磨砺之于宝剑。

人生难免有低谷，在这样的时刻，我们需要忍受寂寞，卧薪尝胆。就像当年越王勾践那样，在寂寞中品尝苦胆，铭记耻辱，奋发图强。

一个内心强大的人，无论遭遇怎样的嘲讽，遇到多大的困难，都不会被轻易打倒。在他们身上，流露出的是坚定的意志、强悍的行动力。不论遭遇多大的诱惑或挫折，都能够做到心如止水；甚至遭受牢狱之灾，面对死亡的威胁，也能够始终保持一颗淡定之心。这样的人终究是不可战胜的。

　　不要羡慕别人的辉煌，也不要眼红别人的成功，只要你能忍受寂寞，满怀信心地去开创，默默付出，相信生活一定会给你丰厚的回报。

境遇再悲惨也不抱怨生活

意志坚强的人有与生俱来的坚强特质，他们无论是商人、教师还是体力劳动者，无论年龄大小，都可以勇敢面对困难和挑战。而意志薄弱的人遇到困难和挫折总是逃避，面对批评也容易受到伤害，或灰心丧气，最终只能与失败、痛苦为伴。

不抱怨生活的人，永远是命运的主人。因为了解自己，才会更加自信，即使陷入困境也会找到应对的方法，所以始终立于不败之地。强者之所以不会倒下，是因为他们勇敢面对自己的弱势和不足，在困难面前逆势突围。有了这种积极的情绪和心态，懦夫也可以变成英雄。

吉姆居住在纽约附近一个小镇上，是一个天生的足球运动员。然而，他在中学期间患癌，最后双腿被截肢。这本是一件让人崩溃的事情，但是吉姆回到学校之后，却和同学们开玩笑说："我会装上用木头做的腿，到时候把袜子钉在腿上，你们谁都做不到。"

虽然不能回到球场上，但是吉姆仍然恳求教练把自己留在球队中当管理员。每天，他准时到球场帮教练收拾训练攻守的沙盘模型。这种积极的态度和坚强的毅力感染了全体队员，整支球队在他的鼓励下充满斗志。

有了这份陪伴和激励，球队在赛季中保持着全胜的战绩。赛后，为了庆祝胜利，队员举行庆功宴，并准备送给吉姆一个全体队员签名的足球。但是，吉姆因为身体太虚弱未能到场，所以宴会并不圆满。

几周后，吉姆脸色苍白地回到了球队，仍然与大家有说有笑。教练还轻声责问："为什么没来参加庆功宴？""教练，你不知道我正在节食吗?"笑容掩盖了吉姆脸上的苍白。

一个队员拿出写满签名的足球,说道:"吉姆,都是因为你,我们才能获胜。"其实,癌症早已经恶化了,吉姆回家之后的第二天就去世了。

原来,吉姆一直都知道自己的病情,也知道被父母隐瞒的"六个星期"死期,但是他坦然面对,在生命的最后时刻依然投身钟爱的足球事业,在病痛中鼓励球队去战斗。这种不抱怨的精神感染了每个球员。

意志坚强的人总能迎难而上,把最悲惨的事实变成最富有创意的生活体验。在苦难面前,他们不会像鸵鸟一样把头埋进沙土中,逃避现实;而是接受命运的安排,勇敢迎接挑战。不抱怨的人,不抱怨的人生,终会赢得世人的敬重。

这就是积极情绪的力量,它让人相信未来,令人意志坚定,永远不认输。生活中总是充满了风雨,但是,坚强的人很快会抚平心绪,选择迎难而上。因为不抱怨生活,所以生活会给他们更多的回馈和礼物。

第二章

通往自信的心路：世间最大的谎言是你不行

凭着信念突破生命的极限

如果没有坚定的信念，我们的一生只能沦于平庸。信念，是困境中的一种心理寄托。信念就像饥渴时的一个苹果，就算不吃只是看着，也足以让自己度过难耐的时刻；就像是溺水后的一个救生圈，只要牢牢抓住不放，就一定能看见生的希望。

一个坚持信念的人，很难被困难桎梏，因为信念是打开枷锁的钥匙，它可以将你从恶劣的现状中解救出来，还你意料之外的圆满结局。

菲比是一个小说家，从小就喜欢写作，大学读的也是文学专业。凭借文学方面极高的领悟力和想象力，她年纪轻轻就出版了两部小说，并且非常畅销。然而谁也没有想到，菲比进行体检的时候被查出患上了脑瘤。

起初，菲比单纯地以为这是一个小手术，只要把肿瘤切除就能恢复健康。后来，得知脑瘤的危险性比一般的癌症还要大，她被吓到了。然而，菲比很快调整好情绪，开始乐观地面对一切。

她积极配合医生进行治疗，做好了承受各种痛苦的准备。化疗的时候，头发几乎掉光了，这对一个女孩子来说是莫大的打击。但是，菲比看起来非常积极乐观，并没有消极颓废。没有了真头发，她就买各种各样的假发，还开心地对大家说，自己终于可以天天换发型了。

生活中，菲比坚持与朋友们聚会、郊游，珍惜每一次与大家相处的机会。当然，她也没有放弃自己的爱好——写小说，还用文字把自己的这段经历记录下来。在日记中，她详细描述了每天发生的事情，并感恩生命给予的爱。

与那些在痛苦中消沉的人不同，菲比没有埋怨命运的不公，她享受眼前的每一分、每一秒。她说，如果不是因为脑瘤，她可能不会意识到朋友和家人的重要性，也不会有这么好的题材去写小说。

菲比终究离开了这个世界，但是她没有留下遗憾和痛苦。她微笑着与这个世界告别，在家人和朋友的陪伴下度过了余生，给大家留下了一部充满欢乐和力量的小说。

信念的力量是惊人的，可以改变恶劣的现状，带给人们无限的希望，缔造令人难以置信的神话。信念是推动一个人走向成功的动力，拥有信念的人永远不会被眼前的困难吓倒，也不会迷失前进的方向，因为他们的心里只有永不放弃的目标。

天才小提琴家马莎患有癫痫症，一直以服药的方式来控制病情。后来，药物无法发挥作用了，医生无奈之下割除了她一部分脑叶。病情并未获得转机，此后她多次手术，奇怪的是这并未影响她的演奏能力。后来医生发现，原来在马莎很小的时候，她的大脑就已遭到破坏，原脑叶的演奏能力神奇地被其他部分取代。

生命的奇迹总是一次次被突破，一个大脑遭到破坏的人竟有如此非凡的成就，显然离不开主人公坚强的信念。强大的信念足以释放个人潜能，让人性的光辉发挥到极致，创造令人震惊的成就。一个没有信念，或者信念不坚定的人，只能平庸地过一生；而一个坚持信念的人，永远也不会被困难击倒，这就是生命的力量。

自卑的人大多妄自菲薄，多数时候缩在一角，不敢表现自我。有这种心理的人，很难有大的作为，生活也会变得灰暗——凡事都在别人的影子下进行，听别人指挥。生命掌握在自己手中，应该相信自己的才能，不断挖掘身上优秀的品质，克服自卑心理。

影响个人命运的不是环境，而是拥有什么样的信念。内心强大的人永远相信自我，不畏艰难险阻，并且时刻朝着既定目标稳步前进，因此一步步接近成功，让人生大放异彩。请牢记，无论遭受多少艰难，无论经历多少困苦，只要心中不失信念，总有一天会突出重围，走过人生的鄙夷与不屑。

乐观是一种人生境界

面对糟糕的状况，以及危机情况，人们难免产生焦虑、担心和恐惧等悲观情绪。

比如，去医院看病，难道希望医生对病情流露出过分担忧、焦虑等悲观情绪吗？当然不会，因为这不会帮助医生积极救治病人，反而会影响其水平发挥。实际上，病人都希望从医生那里看到自信、乐观的微笑，从而对医治充满希望。

在消极思维模式的影响下，往往满眼都是糟糕的事情正在发生。生活不需要痛苦、悲观和担忧，它们会让局面变得更糟。当危机、冲突和忧虑突然降临的时候，需要用爱心、怜悯、接纳和理解去应对，寻找解决问题的正确方法。

一对清贫的老夫妇养了一头牛。这一天，老头牵着牛到集市上，准备换点儿更有用的东西。他先用牛换回一头驴，又用驴换了一只羊，再用羊换来一只肥鹅，又把鹅换成母鸡，最后用母鸡换来一袋烂苹果。

在回家的路上，老头扛着苹果来到一家小酒店休息，遇上了两个商人。闲聊中，老头描述了自己赶集的经过，两个商人听完哈哈大笑。"你回家肯定挨老婆骂。"其中一个商人说。但是，老头说绝对不会。随后，两个商人拿出一袋金币跟老头打赌，如果猜得不对，就白送给他。

回到家里，老太婆见到老头，非常高兴。她兴奋地听着用牛换东西的经过，每次听到老头用一种东西换回另一种东西时，都充满了期待，还不时地说："哦，驴子可以驮东西""羊奶很好喝""鹅毛多漂亮啊"

"终于可以吃上鸡蛋了"。

最后，看到老头带回家的一袋烂苹果，老太婆仍旧满心欢喜："今晚可以吃苹果馅饼了!"两个商人顿时傻眼了，没想到老太婆这么乐观，即使换东西吃亏了也不恼火。按照打赌约定，这对老夫妇赢了一袋金币。

英国作家萨克雷说："生活是一面镜子，你对它笑，它就对你笑；你对它哭，它也对你哭。如果我们心情豁达、乐观，就能够看到生活中光明的一面，即使在漆黑的夜晚，也知道星星仍在闪烁。"

看到头顶的星星，乐观者会说，虽然摘不到，却永远在前头；而悲观者则会说，虽然在前头，却永远摘不到。不同的心境决定着一个人对事物的看法，决定着一个人心情的快乐与郁闷，决定着一个人行为的积极与消极，决定着一个人前途的光明与暗淡。

陷入困境的时候，要相信自己能掌握个人命运，能够解决问题并突破困境，然后以积极的思维模式引导你夺取胜利。如果一番努力之后你仅仅得到了一个酸柠檬，那就把它榨成柠檬汁吧，明智的人永远不会消极地思考问题。

学会积极乐观地思考，必须多与他人交流，打开思路。此外，观察和阅读也能激发积极的情绪，平复内心的失落、不满等负面情绪。

跌倒了，爬起来继续往前走

　　成年人的生活里没有"容易"二字，被命运无情地捉弄，或者突然变得一无所有，乃至失去亲人和朋友，不过是人生的常态。即使你的肢体变得残缺，也不要绝望，因为你还有人最宝贵的东西——生命。

　　在强者的眼里，所谓"绝境"不过是成功前的一个热身，一切都是为最后完美的冲刺做准备。因此，即便现在正承受着痛苦、经受着折磨，也别灰心、丧气。哪怕跌倒了，站起来拍拍身上的灰尘继续前行，更能显示你的从容与大气。

　　威廉因过失致人死亡，把自己的后半辈子交给了监狱。但是入狱后的威廉依然对这个世界充满了怨恨，他经常和狱友打架，不愿与人来往。

　　一个冬天的晚上，大家都在睡觉，突然间地动山摇。所有的人都被惊醒，警报拉响，地震了！牢房顿时乱成了一锅粥，地面开始晃动，房屋的墙壁也开始脱落。突然，一个维持秩序的狱警被压在了倒塌的铁架子下面。

　　此时，牢房裂开了一个巨大的口子，其他的狱警都在解救牢房里的犯人。威廉知道，这时候逃跑简直轻而易举。但是，这个念头只在他的脑海中一闪而过，随后他便投入救援中去。

　　在这次地震中，威廉先救下了被压倒的狱警，然后又帮忙挖掘废墟中的狱友，最终因为杰出表现被减刑 3 年。这给了他极大的鼓励，对以后的日子燃起了新的希望。

　　威廉的表现再次得到了狱方的认可，他又获得了两次减刑。后来，威廉被提前释放。已经人到中年的他回到家乡，用自己在监狱中学到的手艺，开了一家电子修理厂。不久，他遇到了一个离异的女人，两个人重新组织家庭，过上了平淡而幸福的生活。

请记住，天无绝人之路，更无绝人之境。面对人生接踵而至的绝境，要坚定地告诉自己，"我一定能在最深的绝望里，遇见最美丽的惊喜"。

遭遇重大挫折与磨难，有的人因此沉沦；有的人能够及时调整情绪，积极面对未来，在自我修炼过程中变得强大，找回全新的自我。挫折与失意并不可怕，可怕的是心理失衡，在沉沦中自暴自弃。

命运掌握在自己手中，威廉的经历充分证明了这一点。当年因为冲动，伤害了别人，最后锒铛入狱；本来可能一生都要在狱中度过，但是机缘巧合的地震又给了威廉一次选择。正是这一次，他选择了积极面对人生，然后一步步走上了正轨。

做事没有任何借口

没有人与生俱来就无所不能，成败的关键在于态度。那些有作为的人总是保持绝不放弃的心态，主动应对各种困境，从不让借口成为前进路上的绊脚石。

生活中，经常听到有人为自己找借口：上班晚了，归咎于"路上堵车""闹钟坏了"；考试不及格，归咎于"出题太偏""题目太难"。找借口很容易，信手拈来，可以有效减轻心理压力；但是习惯找借口的背后，却是当事人逃脱责任、缺乏自信的现实。

古往今来，真正的强者从不给自己找借口，他们不会拒绝看似不可能完成的任务，始终用一种良好的应战心态，勇于接受挑战。许多事情看似不可能，其实是功夫未到。

年轻的亚历山大继承了马其顿的王位，虽然拥有广阔的土地、忠顺的臣民，但是他并不满足。有一次，亚历山大外出作战，被波斯王国肥沃的土地吸引住了。随后，他指挥士兵向波斯王国发起进攻，经过多次作战赢得了胜利。

接着，亚历山大再接再厉，把埃及作为征服的对象。毫无疑问，埃及也陷落了。埃及人将亚历山大视为神一般的人物，并使之成为埃及历史上第一位欧洲法老。

为了抵达世界的尽头，亚历山大率领部队继续向东，闯入了一片未知的世界。年仅20多岁，他就击败了阿富汗地区的头领，并很快对印度半岛上的王国展开了猛烈进攻。

在仅仅十多年的时间里，亚历山大就建立起了一个面积超过200万平方英里的帝国。即使遇到再大的困难，他也不找借口；即使条件不具备，他也毫不犹豫地创造条件。这就是亚历山大成功征服世界的原因。

拿破仑说："'不能'这个词只有在愚人的字典中可以找到。"成功之人的字典中从来没有"不可能"。真正的强者不会被失败摧毁，不会长期沉溺在痛苦之中，他们不会失去前进的勇气，总能在逆境中向着成功义无反顾地迈进。

成功者说："无论发生什么事，生活仍将继续。"不论与怎样的挫折不期而遇，不管命运之神加于身上的苦难有多大，人生的赢家总能保持追求成功的激情。激情是进取的原动力，是心境的营养品。追求的激情始终燃烧，人生的赢家将一直精力充沛、生机勃勃。

蒙哥马利元帅在回忆录《我所知道的二战》中写道："我提拔人的时候，常常把所有符合条件的候选人集合到一起，然后让他们解决某个问题。经过一番考察，得到提拔的人一定是那个不找任何借口并努力完成任务的人。"

一万个叹息抵不上一个真正的开始。充满自信地做事，任何时候都不晚，就怕习惯给自己找借口，始终迈不出行动的第一步。没有播种，就不会有收获；没有开始，就不会有进步。如果想有更大的成就，就千万不要找借口。

不要丧失信心和希望

"不经历风雨，怎能见彩虹"，任何一次成功都要经过艰辛的奋斗和痛苦的磨炼。关键是，你要始终对未来充满希望，对自己充满信心。

生活失去了希望，就好像人失去了灵魂，成了行尸走肉，虽然还是活在阳光之下，行走在人群之中，却已经不再是一个真正意义上的人了。生活中看不到希望，无论对自己还是对身边的人，都是一场磨难。

对一个人来说，"希望"意味着什么呢？它像沙漠里的绿洲，像荒岛上的同伴，像流泪时的一片纸巾。也许这些看似都不重要，但是却支撑着一个人的全部。人生没有了希望，也就失去了方向，失去了目标，那和咸鱼还有什么分别呢？

研究表明，老鹰是世界上寿命最长的鸟类，可以活到70岁左右。然而，当它活到40岁的时候，爪子开始老化，无法像往常那样抓住猎物。此外，它的喙变得又长又弯，几乎碰到胸膛，根本无法进食。而原本有力的翅膀也变得十分沉重，无法飞得更高、更远。这一切，都让老鹰面临着生死考验。

此时，老鹰面临两种选择：一是等死，二是开启痛苦的重生之旅。为了活得更长久，老鹰经过150天漫长的历练，努力飞到山顶，然后在悬崖上筑巢。接下来，老鹰停留在那里，正式开启重生模式。

首先，老鹰用喙击打岩石，直到喙完全脱落，然后静静地等候新的喙长出来。接着，它用新长出来的喙把指甲一根一根地拔掉。最后，等新指甲长出来后，再把羽毛一根一根地拔掉。5个月以后，新的羽毛长出来了，老鹰重新飞上蓝天，开始一段新的生命旅程。

人生最可怕的敌人就是缺乏坚定的信念。对年轻人来说，信念和梦想可以改变一切。在这个世界上，只要始终能够看到希望，永远持有坚定的信念，就没有什么人和事可以将你打败。每个人都应该在信念的引领下创造奇迹。

美国足球联合会主席戴伟克·杜根说过这样一段话："如果你觉得自己会被打倒，那你肯定就会被打倒。如果你觉得自己屹立不倒，那你肯定能屹立不倒。你渴望成功，又觉得自己没有取得成功的能力，那你肯定不会成功。你觉得自己会失败，那你肯定就会失败。"

乔安娜·凯瑟琳·罗琳出生在英国一个不知名的小镇上，没有出色的外表和显赫的家庭，是一个普通的小女孩。长大后，她一直默默无闻，就读的大学也是一所普通的院校。

然而，罗琳具备丰富的想象力，上学的时候经常去图书馆看一些童话书。25 岁的时候，她来到具有童话色彩的葡萄牙，在那里找到了一份英语教师的工作。

不久，一位年轻的记者走进了她的生活，两个人相见恨晚，很快步入了婚姻殿堂。但婚后丈夫无法忍受罗琳的奇思异想，开始和其他姑娘来往。后来，两个人的婚姻终于走到了尽头，罗琳带着女儿开始了新的生活。

坏运气接连来袭，刚离婚不久，罗琳又被学校解聘了。失去了工作，她只能回到故乡，靠领取政府救济金度日。尽管日子很艰难，但是她没有放弃自己的梦想，依然沉浸在童话世界中。

有一次，罗琳取救济金，坐在冰冷的椅子上等候地铁。忽然，一个童话人物形象涌上心头。回到家以后，她铺开稿纸开始写作，结果创作灵感彻底迸发出来，一发不可收拾。

几个月后，她的第一部长篇童话《哈利·波特》问世了。找了好多家出版社，才得以出版。超出所有人的预料，这部作品一上市就畅销全国，随后风靡世界各地。随后，她又创作了一系列童话作品，结果也广受市场欢迎。由此，她的生活有了很大改善。

后来，乔安娜·凯瑟琳·罗琳名列"英国在职妇女收入榜"之首，被美国《福布斯》杂志评为"100名全球最有权力名人"的第25位。

人生的价值并不在于成功所带来的荣耀，而在于树立信念以及努力追求的过程。因此，无论人生的道路是布满荆棘还是充满坎坷，任何时候都要怀着坚定的信念，执着追求。

漫漫人生，人在旅途，难免会遇到荆棘和坎坷，但风雨过后，才会有美丽的彩虹。希望是黑暗中的明灯，是寒冬的一缕阳光，是一切怯懦和失败的克星。任何时候都要拥抱梦想，只要仍存期待，只要不放弃努力，人生就会有很多机会和幸运在前面相遇。

专注于把眼前的事情做好

"登泰山而小天下"，成功者能够负重前行，能够达到人生新高度，视野更加开阔。在实现伟大目标的过程中，一开始会遇到很多困难和挫折，意志薄弱、缺乏自信的人选择放弃，内心强大的人坚持到最后，身上的痛感逐渐消失，取而代之的是酣畅淋漓的喜悦。

在奋进的道路上，优秀的人懂得用明确的目标约束自己，并专注于当下。制定目标可以指引前进的方向。无论做什么事情，都要从眼前做起，将眼前的事情做好，才能为将来奠定成功的基础。

想在任何一个行业有所成就，都需要持久的努力，需要一步一步的积累。成功离不开伟大的目标，也离不开为了达到目标坚持不懈的努力。把握当下，只有将眼前的工作切实完成，才能成就最终的梦想，否则一切都是空谈。

王可想创办一家广告公司，于是他应聘到一家知名广告公司做策划，希望通过在广告公司的学习，为自己以后创业打基础。在进入公司以后，他认真观察各个部门主管的工作状况，记录他们如何向下属安排工作，学习他们如何与上司、下属沟通，但是本职工作却被放在了一边。他的本职工作虽然没有出什么大问题，但是也乏善可陈。

经过一年的"学习"，王可觉得自己已经完全掌握了广告公司的经营方法，于是他向公司递交了辞呈。对于这个工作不踏实的员工，公司也没有挽留。他离职的时候，策划部主管将他叫到办公室，询问为什么工作一年就离职。

王可告诉主管自己创业的打算。听完王可的想法，主管说："以你现在的能力还不适合创业，广告公司各个部门工作的细节你并不了解，各部门如何衔接你也不明白，而且，最基本的策划你也无法胜任，贸然创业，恐怕很难成功。"

王可并没有把主管的话放在心上，租了一间办公室便开始了自己的创业之旅。虽然他竭尽全力，但是公司却始终无法正常运转，仅仅维持半年，就宣告结束。

王可确实有明确的目标，但没有踏实的态度，他不明白目标需要一步一步来实现，好高骛远换来的只能是失败。其实，很多取得成功的人能力并不出众，他们只是把眼前的事情当成了最重要的事情来完成。

中国科学院院士侯建国曾被问及"如何取得如此大的成就"，他这样回答："首先要有长远的目标，并且努力把眼前的事情做好。只有把眼前的事情一件件做好，才能聚沙成塔，集腋成裘。"

莎士比亚说："斧头虽小，但是多次砍劈，终能将一棵挺拔的大树砍倒。"太多人不屑于眼前的事情，认为这些事情都是小事，自己是干大事的人，应该有更大的成就。但是他们忘了，任何一件大事，都是由一件件小事累积而成。就像金碧辉煌的宫殿，是由一砖一瓦堆砌而成的一样。眼前的一件件小事就是我们实现最终成就的"砖瓦"，无视这些"砖瓦"，也就失去了成功的基础。

专注于眼前的小事，既是工作能力，也是工作态度。心怀远大的梦想值得称赞，但不能滋生好高骛远的心态，必须脚踏实地地做事。不忽略眼前的小事，才能把大事做成。

　　盼望长命百岁是人之常情，更重要的是理解生命的意义，那就是在有生之年踏实做事，不虚度年华。无论受到多大的诱惑，无论遭受怎样的挫折，勇敢的人都能朝着目标坚定地前行，哪怕速度很慢，终究会有到达山顶的一刻。

超越自卑，点燃生命的花火

生活应该是什么样子的？为什么你总是不快乐？其实，心情的颜色就是生活应有的色彩。如果心情是灰色的，生活不会阳光明媚。一个人只有让内心开满鲜花，世界才可能是幸福的。

自卑是一种复杂情感。自卑感是由个体对自己能力和品质评价偏低而引发的一种消极情感。有自卑感的人轻视自己，认为无法赶上别人。自卑情结指以一个人认为自己或自己的环境不如别人的自卑观念为核心的潜意识欲望、情感所组成的一种复杂心理。自卑可以通过调整认知和增强自信心并给予支持而消除。

内心自卑的人往往陷入被动，自卑导致我们无法接受期望与现实的落差，自卑导致我们湮没自己的才华。

那么，自卑是怎么形成的呢？其根源就是人们没有用合理的标准来衡量自己，而是给自己设定了一个主观标准，如"我应该做到某某那样"等。脱离实际的追求会滋生烦恼和自卑。

在心理研究中，自卑很常见。身材、相貌、家庭、经济条件、人际关系……都可能成为自卑的触发点。

下面这些方法颇具操作性，有助于摆脱自卑，找回阳光和自信。

1. 接纳自己，正确定位

先试着通过自我回顾把自己的优势罗列出来，然后跟身边人做比较。

对自己能力有一个客观、公正的判断。这时候，你会发现所有人都各有所长，谁也不可能十全十美，如此一来你就更能坦然地面对自身的优势和劣势，既不会妄自尊大，也不会妄自菲薄。把自己看作一个普通人，这一点很关键。

2. 别总盯着缺点

一个人既不可能十全十美，也不可能一无是处。虽然人都在不断追求自我进步和自我实现，但不能把注意力完全放在自己的缺点上。与其看着自己的短处焦灼自卑，不如把精力放在自己擅长的领域，然后把每一点成就累积起来，渐渐驱散自卑的影子，在成就感中实现自我价值。

3. 找出自卑的症结

这一方法需要我们能对过往的经历有宏观的认识，从成长环境或某次偶然事件中寻找出自卑的深层原因。因为大部分人的自卑与过往的经历有着很大关系，自卑感一旦形成，就会潜伏在心底，然后一触即发。所以说很多自卑其实跟我们的现状并没有直接关系，而是一种潜意识。只有挖出潜在的诱因，才能正视它们、克服它们。

4. 解放自己，融入集体

人是有自然属性和社会属性的，谁都不能脱离社会。对社交缺乏信心的人，要想最大限度地实现自己的价值，就必须解放自己，融入大环境、大集体。群体中表现出来的优势更容易使人肯定自己的价值，而且这种肯定又会反过来引导行为。

5. 用补偿心理克服自卑

补偿心理是一种心理适应机制。每个人在适应社会过程中总会产生一些偏差，然后不断地平衡和补偿这种偏差。这种补偿，其实就是为克服自己的缺陷或自卑，而发展自己其他方面的优势。自卑感愈强的人，寻求补偿的愿望就愈大，奋斗的力量就愈充足。

　　总之，自卑只是"自己吓唬自己"而已——自卑的心理基础是害怕别人瞧不起自己，遇事敏感多疑，总觉得对方的一言一语、一举一动都是在影射自己。其实，一切都可能是你自己的"想当然"，所有外人的看法和情绪都是因你的自卑使你假想出来的。

努力走出自卑的阴影

年轻人都喜欢这句话："不鸣则已，一鸣惊人。"做到这一点，必须对自己有信心，无论遭遇怎样的逆境，依然坚定地告诉自己——我要如翱翔的雄鹰一样战斗不息！

美国职业橄榄球联合会主席杜根曾说："强者不一定是胜利者，但胜利迟早都属于有信心的人。"一个人的成败在很大程度上取决于他是否有自信。

早年，杜根遭遇事业失败，负债累累，可是他并没有因此自卑。他拜访了一位从前的合作伙伴，并在那里谋到了一份销售工作。因为长相的原因，他不被上司看好，对此他依旧没有自卑。

于是，他对上司说："请您给我一次机会，只要给我一部电话，我保证在两个月内刷新公司的最高销售纪录。"经过一番努力，他做到了，他成为公司的金牌销售员。

成长的过程中，人们需要经历很多。很多时候，这些经历导致了人们不够自信，反而有些自卑。对于每一个涉世未深的年轻人，都会有自卑的心理，这是正常的，这些年轻时代的自卑感会随着年岁的增加，阅历的增加渐渐消失。

不同的是，有的人早早地走出自卑的阴影，他们成了较早成功的人；而有的人迟迟不能从自卑的阴影中走出，反而随着新情况的发生滋生出了新的自卑心理，随着自卑感的不断增强，他们最终会淹没在自卑的情绪中不能自拔。及时走出自卑的阴影，对人生至关重要。

1. 好好打扮一下自己

"人靠衣服马靠鞍"，一身好的打扮不仅能让他人赏心悦目，也能改变自身的精神状态。如果在每一天的开始都将自己打扮得清清爽爽、落落大方的，别人看你觉得舒服、亲切，尊重感也会油然而生。

2. 展示最优秀的一面

每个人都有自己擅长的一面，不要太过谦虚，将它展示出来，让别人看到你优秀的一面的同时，自己也增强了成就感。如此一来，内心的自卑会随之烟消云散。自信的成分多一些，自卑的成分就会少一些。事情就是这样，一次两次之后，渐渐地你便会发现，自己在不知不觉中变得更加自信了。

3. 树立容易实现的目标

生活和工作中很多事情并不是因为外界因素让自己感到压力的，而是因为自身没能合理安排计划，导致效率低下，压力增加。树立一些容易实现的目标，将需要做的事情分化成几个目标，如此一来，既合理规划了事务，还能增加完成目标时的喜悦，一举两得。这种方法使事情做起来不再枯燥、紧张，自然信心也会增加。

4. 积极地肯定自我

任何时候都要坚守信念，持续地肯定自我。每个人都是先预设成功后的自己，才积极努力，一步步实现既定目标。因此，取得进步之后一定要给予积极的肯定，增强持续努力的信念。而当挫折降临时，我们要学会用左手温暖右手，告诉自己"我能行"。

第三章

通往社交的心路：别让友谊的小船说翻就翻

交朋友首先要摆正姿态

"学生姿态"的人更容易成为交际场上的"大红人"，"老师风范"的人只能年复一年地让人生厌。

法国哲学家罗西法古说："如果你要得到仇人，就表现得比你的朋友优越吧；如果你想得到朋友，就要让你的朋友表现得比你优越。"

老子说："良贾深藏若虚，君子盛德，容貌若愚。"意思是说真正精明的商人是不会让他的财富显露出来的，一个有修养的君子，内藏道德，但外表看起来好像是愚蠢迟钝。这句话就是告诫人们，在社交中，不仅要摆正姿态，还要摆正态度，切勿锋芒尽露，要收其锐气，只避免招来他人的忌恨。

人要赢得良好的人缘，先要摆正你的交际姿态：甘做学生，不做老师。要知道，在社交场合，每个人都有得到别人尊重与认可的心理需求，而"做学生"是满足对方这种心理欲求的一个重要方法。也就是说，在与人交往中，智慧的人会真诚地做"学生"，诚恳地向对方请教问题，并且认真聆听对方的"教诲"，而不是做一个指手画脚的"老师"，处处伤人自尊，惹人生厌。

俗话说，越是锋利的宝刀，越不可轻易地出鞘。如果自恃削铁如泥而不善加保护，不但锋芒会被磨损，且更容易生出祸患。赢得友谊的有效方法是保持谦虚、谨慎的作风，甘做学生，从而让人如沐春风。

长相漂亮的刘华毕业后就在一家保险公司当销售员。依照公司的规定，试用期内每个人必须要至少拉到一位客户，否则就要被解雇。但是，刘华因为刚离开学校不久，在试用期快要结束时，她还没完成任务，就在心灰意冷之时却出现了奇迹。

一次，她去拜访一家公司的客户部经理。刚开始对方看到刘华后，脸上就露出了不悦的表情。刘华心里顿时感到惴惴不安，不知道该如何开口了。这时她猛然发现经理的桌子上有一个牌子，上面写着"尉迟涛"三个字，刘华猜测这可能是经理的名字。她想："如果以这个名字找话题，应该能打开僵局！"

于是，刘华问道："您知不知道李世民发动玄武门之变时，功劳最大的那位名将是谁？"经理愣了一下，说："知道，是尉迟恭。"刘华说："你们是一个姓，当然会知道他叫尉迟恭。我以前可是出尽丑了，老叫他尉（wèi）迟恭。"

经理笑了："这也不能怪你，十个人中有八个人都会这么读错。"

刘华说："是啊，虽然这个姓有点儿怪，但是，我听说，历史上姓尉迟的名人有很多啊，您知不知道都有谁？"

这一下子就打开了话匣子，两人开始兴致勃勃地聊起来。最终，尉迟经理与她签了约，另外，还给她介绍了其他的客户。借此，刘华的业绩便一升再升，最近还升了职。

聪明的刘华真诚且谦虚地以学生的姿态向对方请教，大大满足了对方"被需要"的心理，最终顺利地与对方结交了朋友。由此可见，甘做学生的谦虚姿态，是你赢得良好人缘的法宝。

社交场合，每个人都希望得到对方的尊重和重视，如果总是摆出一副好为人师的架势，对旁人指手画脚、说三道四，无疑是让对方失了面子。人在与周围的朋友相处或交流时，要放低姿态，顾及对方的面子，这样才是对朋友的起码尊重。

人际交往中，谦虚的人恪守平等原则，彼此互相认同，进而建立信任关系。通常，谦虚的人在任何情况下都能做到低调处事，保持"学生"姿态，让对方时刻感受到应有的尊重与教养。此外，这还会适时让他人感受到尊崇的地位，让他人产生优越感。这不但让对方获得心理上的极大满足，也有利于开展良好的合作关系。

甘做"学生"的人，实际上是大智若愚的，表面看着谦虚、低调，事实上却是极其聪明的，对工作极为认真的，很容易能得到朋友的信赖。

敢于展示自己的缺点

交际，最重要的就是自我推销。每个人固然都要推销自己，但并不代表每个人都懂得如何推销自己。

与其靠找优点推销自己，不如去亮"缺点"更能得到他人的认可。把你的"缺点"先亮出来后，你的优点就会给别人带去惊喜和意外的感觉，从而使他人对你产生兴趣。

所谓的"交际"，其实就是得到别人认可的自我推销的过程。择业、交友、谈判、相亲……每一次都是一场自我推销。而如何才能把自己很好地推销给别人，让别人乐于接纳，却是一门技术活。

在交际场上，很多人可能认为，要推销自己不就是尽全力把自己的优点亮给对方吗？只要你优点多多，别人怎么会不接纳你呢？

其实不然，你的优点多多，别人会觉得你过于自大、盲目自信。就像在商场卖东西一样，促销人员总把自己的产品说得天花乱坠，完美无瑕，最终使消费者产生逆反心理：故意这么"吹"，无非是想让我买产品，我偏偏就不买！看你能把它吹到天上去！最终的销售结果往往不尽如人意。

商场真正优秀的销售员，都是先拿产品的缺点来说事儿的。

"这电冰箱性能好，容积大，但就是有点儿费电，而且价格显得略高一些！"

"这款面膜非常温和，对皮肤没有任何伤害，就是不知道这种香味你是否能够接受？"

"这件衣服的面料柔韧性很好，很舒适，就是得干洗，否则容易起皱！"

当销售员在透露这款产品的"缺点"时，顾客就会在心中反复地掂量：是向价格和电费妥协，还是向方便快捷妥协？是向化妆品的质量妥协，还是向味道妥协？是向衣服的质地妥协，还是向稍有些烦琐的洗涤妥协？顾客如此反反复复地在心中掂量，也就等于把介绍的商品当成了自己的购买对象。这也就意味着，顾客对商品投入的心思更多了一些，其选择的概率自然也变大了。

同样，推销自我也是这样的过程。

在交际场上，绝大多数人都会先把自己的优点展示给别人，而到后来，慢慢暴露出来的都是她的"缺点"，如此，带给人的往往是失望和灰心。

相反，如果事先向别人展露自己的缺点，比如向对方说：

"我这个人很情绪化，脾气不太好，请您以后多多担待！"

"我这人有点儿懒惰，是个标准的'起床困难户'。"

"我本人有点儿完美主义，以后挑你的'刺'时，你可别生气哟！"

当你这话说出口，一方面大家都会觉得你是一个谦虚的人；另一方面，你先把缺点展露出来，大家在以后便很容易发现你身上的"优点"。也就是说，日后与人相处的过程中，带给别人的处处都是惊喜，那么别人自然也会对你越来越感兴趣，你也自然会赢得良好的人缘。

人际交往中有一个很重要的乐趣，那就是不断发现别人身上的优点，而非缺点。如果懂得有效地引导他人关注你所指出的缺点，那么便很容易让人在以后发现你的优点。通常，你事先暴露的这些缺点都早有准备、能应付得来，因此不会对你产生太大的负面影响。你先把它指出来，别人在心理上已经产生了一定的免疫力，从此给你挑错找碴儿的心思就会少许多。

别强迫他人按你的意志行事

人际交往必须遵循平等原则，充分尊重他人的意愿，努力满足他人的需求。如果失去应有的平常心，喜欢高人一等，势必引起对方的抵触，到头来寸步难行。

在我们身边，总有一些人存在"看不惯心理"——要求别人的举止言行完全符合自我的喜好和价值观，否则就对其加以抨击。实际上，这种人是站在道德制高点上的"南霸天"，对人对事高高在上，自己却浑然不觉。

任何时候，强迫别人按照自己的意志行事是没道理的，不但容易与人发生误会，还会引起他人的抗拒。

1. 你没有这个权利

每个人都是一个真真切切的存在，所思所想所为均由自己支配，那是人家的权利。即便你是他的家人，也没有权利控制他。再者，每个人的背景不一样，环境不一样，性情不一样，怎么能认为别人一定错了，自己一定对了呢？你只有建议和提醒的权利，绝没有发号施令的权利。即使建议和提醒也要找对的时候，拣好听的说，用合适的方式表达。

2. 你没有这个能力

一个人人生观、价值观大致在青春期成型。从那时候起，大致的为人处世的方法和思维模式也就形成了。如果没有重大事件，为人处世的基调就奠定了。也许处世方式会在强大外力下发生改变，但那多半是一种扭曲。因为让别人接受你的不同观点就是让他否定自己固有的东西，这种固有的东西往往是多年形成的，很难更改。谁能轻易否定自己呢？

所以，让别人"心悦诚服"是很难的，除非你比别人实在是高明太多，而对方又勇于面对现实。

一言以蔽之，强迫别人接受你的观点就无异于让别人认错，否定他自己。强迫别人修改价值观念、思维模式，一般来说是很难成功的。

无论对谁，你永远只有建议的权利。尽量做到对朋友负责，很负责地告诉对方可能出现的问题，让对方有充分的准备，但绝不要强迫别人去服从或接受自己的观点。因为最终决定权在对方而不在你！你的观点到底是对还是错只有事情发生后才能有正确的答案！因为这个世界就是这样的……要想别人真正相信你，只有让时间去做详细的解答，至于一时的对错我们没有必要去争论！尽到奉劝的责任就行了，不必强求。

与人沟通的过程中，对于领悟能力强的人，只需要提一些建设性意见就行，他们能够自己领会，悟出道理。

正能量越强，好朋友越多

在自然界，植物有强烈的向光性，哪里光线好空气好，枝叶就向哪里伸展。人也一样，都喜欢和那些积极乐观的人交往，能够从他们身上感受到正能量，更被他们的人品、学识折服。

因此，如果想结交更多的朋友，希望与他人发展友谊，那么在人际交往中一定要拒绝抱怨、悲观的状态，说话办事带给他人正能量。

生活中，那些优秀的人拥有强大的气场：简单爽朗的性格，积极向上的精神，永不言败的信念，使他们在任何地方都能成为大家关注的中心和焦点。

有一次，王华和一位北京"老"太太一起出行。老字之所以用引号，一是为了重点突出，老人家七十多岁了，在一般人的印象里这个年纪的老人应该是满脸皱纹，一天到晚絮絮叨叨，甚至自己都照顾不好年迈之躯；二是因为对方着装炫酷时髦，皮肤保养得很好，一点儿也看不出"老"的迹象。

接触过程中，王华发现这位老太太待人热情、思维活跃，对未知事情充满好奇，周身散发着无穷的魅力。老人家很善待自己，那一套摄影器材就花了十多万。有人问她何不给儿子攒钱买大房子，她说儿孙自有儿孙福。她现在还在工作，并且是一家教育培训机构的名誉校长，她说，"我还年轻嘛，要工作，工作会接触很多新朋友，很开心的"，"你们都不要叫我老太太啊，我会生气的哟，可以叫我大姐"。

那一刻，王华真心崇拜这位老人。比起其他同龄的姐妹，老人真正活出了自我。

每个人都会衰老，都有情绪低落的时刻，但是充满正能量的人永远热爱生活，拒绝抱怨。他们在待人接物中展示出积极向上的力量，永远让人如沐春风。因此，在生活中做一个充满正能量的人，到哪里都会受到热烈欢迎。

1. 永远保持良好的心态

英国批判现实主义小说家狄更斯曾说："你的心态就是你真正的主人，一个健全的心态比一百种智慧更有力量。"在这里，所谓健全的心态就是良好的心态。保持良好的心态去面对身边的人或事，在生活、工作和学习中勇敢面对挫折与挑战；保持良好的心态，勇于承担责任，不消极懈怠，不埋怨他人，待人真诚，这些都是成为社交达人的不二法门。

心态对了，交际就对了。心态平和，笑对人生，只有这样，我们才能够热爱生活，拥有快乐，过得幸福美满。在人际交往中，发现快乐，寻找精神上的寄托，实现成功交际。

2. 懂得与他人分享

分享是一种境界，一种智慧，也是与人方便，自己方便。分享一定会得到回报，当然这种回报有时候看得见，有时候看不见；看得见的回报自然好，看不见的回报也是一种精神上的丰厚财产。

你如果感到痛苦，可以把心事说给别人听，这样你会感觉这份痛苦少了一半，事情也不会像你想象的那么糟糕了。快乐需要分享，痛苦也可以分享。分享快乐，快乐加倍；分享痛苦，痛苦减半。

对待朋友要多一些宽容

那些人际关系很糟糕的"孤家寡人"有一个共同特点，就是不够宽容。无论朋友先前对他有多好，只要有一次不合他的心意，就给朋友"判死刑"，永世不得翻身。这种人不会善待朋友，到最后一个知心的人也没有。

生活中，朋友之间发生矛盾或冲突时，除了对正确的批评和意见虚心接受外，还要养成毫不在意的功夫。因为，人与人之间矛盾太多了，一定要心胸豁达，表现出应有的涵养，而不要为了一件小事得罪朋友、破坏友谊。

心情如水，有时候风平浪静，有时候波浪滔天，每个人的情绪常常自己都难以把握。当朋友心情不顺畅时，我们应该原谅他一时的暴躁、冲动、过火；一味抓住小辫子不放手，非要论个是非曲直不可，既伤和气又伤感情，不值得。

1. 谁要求没有缺点的朋友，谁就没有朋友

30岁之前，刘凯一直为情所伤。平时，他对待每一个朋友都掏心挖肺，也交到很多朋友，但他们却无一例外地伤害了刘凯，让人感到寒心。后来，刘凯越来越自闭，生活一团糟。终于有一天，他认真地反思了一下自己。原来，是他太吹毛求疵了，结果身边的朋友越来越少，最后只剩下孤零零的自己。

谁要求没有缺点的朋友，谁就没有朋友。如果对朋友要求太苛刻了，必然出现"水至清则无鱼"的窘境。刘凯认真地检讨自己，他给自己制定要求：接受朋友的好，同时允许朋友有朝一日对你不好或者不够好。

此后，刘凯再不为朋友的亲疏而伤心，并且结交了更多知心朋友。

2. 你每宽容朋友一次，就是被惊喜青睐一次

人一生不应对什么事都斤斤计较，该糊涂时糊涂，该聪明时聪明。不拘小节，在重大问题上坚持原则，是做人做事的最高境界。

历史上，楚庄王宴请将领的时候，派宠幸的妃子给大家敬酒。忽然，一阵大风吹来，熄灭了蜡烛。黑暗中，有人乘机轻薄妃子。机警的妃子顺势折断了那位将领的盔缨，然后请求楚庄王给自己做主。

但是，楚庄王没有立即让侍从点燃蜡烛，却命令所有的将领都把盔缨折断，从而保全了那位将领的尊严和性命。多年以后，楚庄王在一次战斗中陷入敌人的包围，最后一位部下冒死杀出重围，而这个人正是当年轻薄妃子的大将。

在那个特定年代，楚庄王意识到军队是打天下、守江山的依靠，所以没有惩罚轻薄妃子的将领，这是识大体；自己的爱妃遭部下羞辱，颜面和威信都会受到损害，但比起前者又微不足道，这是不拘小节。正是有了"小事糊涂，大事清楚"的决策素养，楚庄王才成为春秋五霸之一。

总之，假如关系不错的朋友让你伤心失望，或者对你造成伤害，不要那么毅然决然地将他们甩开，不妨选择"难得糊涂"。你"糊涂"的这段时间，就是朋友反思的时间，真相浮出的时刻就是重修旧好的时刻。你每宽容他们一次，就为惊喜埋下一次伏笔。相反，你每一次容不下别人，都是在缩减自己的交际空间。

让交流变成一件开心的事

陀思妥耶夫斯基说：唯独具有高尚和最快乐性格的人，才会有感染周围人的快乐。爱因斯坦也说：真正的快乐是对生活的乐观，对工作的愉快，对事业的兴奋。无论是作家，还是科学家，都认为只有乐观的人才能用话语感染他人。

有一对孪生兄弟，一个极其悲观，另一个极其乐观。父亲觉得这种极端心态对孩子的成长不利。圣诞夜，他送给悲观的孩子一架自动玩具飞机，在乐观的孩子袜子里放了一些马粪。

第二天早上，父亲问两个孩子收到了什么礼物。悲观的孩子说："别提了，是一架自动飞机，什么动作都可以自己完成，太没意思了。"

乐观的孩子说："爸爸你知道吗？圣诞老人送给我一匹真正的小马，可惜在我睡醒之前跑掉了，只留下了马粪。真是太棒了！"

从上面的故事可以看出，乐观的人任何时候都对生活充满了希望，并乐观地面对生活，以不惧一切的姿态对待各种困难。与人交谈的过程中，用乐观的精神传递心中所想所感，能够带给人快乐和希望。

一名记者由于工作原因，总会接触到一些生活在社会底层的人群。每次看到这些人为了生计苦苦挣扎的时候，他都感觉非常压抑，内心充满苦闷。然而在一次偶然的下乡采访中，一位老人的生活态度让这位记者震撼不已，也彻底改变了他对人生的认知。

当时，记者负责一次农村采访任务，借住在一位70多岁的老人家里。老人没有子嗣，一个人独居，但是过得安详而从容，脸上看不到孤独的表情。记者在老人破旧的院落里参观，发现院子一角的厕所围墙上有这样一句话：厕所重地，严禁深呼吸。这很容易让人联想起"库房重地，严禁吸烟"的标语，老人乐观、机智的个性让人印象深刻。

在相处的日子里，记者充分感受到了老人积极而又不失幽默的生活态度。采访结束后，记者明白了一个人生道理：无论遇到什么事情，结局并不重要，重要的是你用什么心态看待它。

快乐是一种感觉，不需要任何理由；快乐是一段路程，只要出发就容易触摸到。对每个人来说，最重要的是任何时候都能保持乐观的心境，收获快乐的人生。在我们身边，那些谈吐风趣的人都有一颗快乐的心，所以他们的脸上总是洋溢着微笑，看不到一丝烦恼。

一个人有一颗快乐心，乐观面对各种苦难，那么生活就会处处充满希望。如果整天活在悲天悯人之中，不停地抱怨，缺少应对人生的豁达，那么每天的日子都是灰色的。成为一个快乐的人，以乐观、练达的心态处世，自然容易被多姿多彩的生活感动。

一个人只有具备乐观的心态，才能在谈吐中显露出开朗、积极的个性。

善意的谎言比实话更有价值

任何时候，以诚待人都是美好的品德。然而，有时候善意的谎言甚至是非常有必要的。更多时候，这种"假话"比实话更有价值。

既然是客套话，一定是出于礼貌需要，或者让对方心里舒服，因此言辞内容是否属实并不重要，更不必较真。有的人个性耿直，不分场合说真话，结果弄得大家很尴尬。

王刚在一家大型机械制造厂做生产管理员，平时喜欢结交朋友，并且业务能力也很强，得到了总经理的信赖。几天前，王刚接到好朋友的邀请，参加一个聚会。通过聚会联络老朋友，结交新朋友，他已经习以为常，因此爽快地答应了。

聚会当天很热闹，大家围坐在一起，边吃边聊。一个老同学知道王刚在机械制造厂做生产管理员，高兴地说："我当前正需要一批小型机械，如果从你们厂进货，能不能给出厂价呢！"

王刚听了有些不知所措，因为他只是生产管理方面的小角色，对销售工作不太了解，而且也不方便插手。但是，看到老同学期待的眼神，他实在不忍拒绝，思考了一下说道："你需要什么型号的机械？需要多少？我了解一下大概情况，回到厂里再帮你问问！"说完，王刚把内容记在本子上。

显然，王刚并没有能力帮助这位老同学实现心中所愿，但是为了照顾对方的感受，他必须走过场，善意地答应下来。过了几天，老同学打来电话，王刚说："我最近为这事请销售部领导吃了两次饭，但领导一直没有批准，我也不好私自做主，实在没有别的办法了。"

　　虽然这件事最终没能办成，但是老同学并没有怪罪王刚，反而觉得是自己给对方添了麻烦。至此，大家都不再纠缠这件事，算是告一段落。

　　明知此事办不成，王刚依然揽下来，因为他深知一个善意的谎言能在关键时刻温暖人心。因为这样做，王刚不仅向同学展示了慷慨热情的情义，也在客套中维系了长久的同窗感情。

　　不难想象，如果王刚直接拒绝老同学，一定会给人留下不通情理、缺少温情的印象，失去了做人应有的品质。明知不可而为之，看似夹杂着说谎的成分，却着实令人感觉到温暖。这也许就是客套话在人际交往中的价值所在。

　　说话办事直来直往，不考虑对方的心里感受，看似为人耿直，其实是缺乏人情味。关键时刻一句善意的谎言，有可能帮助对方摆脱困境，重拾人生自信；即使对方无法走出困境，但是善意的谎言中承载着温暖，也足以令人感觉到人生的温暖，对未来充满期待。

多问候才能成为亲密好朋友

问候语，又叫见面语、招呼语，是人们生活中最常用的重要交际口语。一声真诚的"谢谢"、一声见面时的"您好"、一声向对方道歉时的"对不起"，这些都属于平时社交中的问候语。在与他人相处的时候，一声充满亲切和礼貌的问候语，便会使双方感到阳光般温暖。

交往双方之间多问候，既彰显了个人的礼貌，又体现出对对方的关心和尊重。一声小小的问候，虽然语言不多，却能温暖对方的心房，给对方留下良好的印象，使双方的关系更加亲密。

小丽和王芳两人成为无话不谈的好朋友便是由于真诚的问候。

小丽和王芳两人在同一单位上班。小丽和男朋友分手了，出于伤心，下班后，她趴在办公桌痛哭了起来。

王芳见此情形，便走上前安慰道："丽丽，怎么了，不哭啊，来抱抱！"

小丽立马抱住王芳，然后诉说自己和男朋友分手的事情。王芳听后，边拍着丽丽的后背边安慰道："男女朋友之间经常有分手的，如果你不想和他分手，那就和他好好聊聊，彼此间多沟通沟通，看是否还有转机。如果你真想和他分手的话，也不要伤心，我们忘掉他，再找一个比他更好的男朋友不是更好？"

"王芳，谢谢你，我会忘记他的！谢谢你在我无助的时候前来安慰我。我很荣幸能够拥有你这样的好朋友。"小丽回应道。

"那就不许哭鼻子了，我们一起去吃大餐怎么样？"王芳问道。"好呀，正好我可以放松一下。"小丽立马赞同了这个提议。

这件事后，小丽和王芳的关系越来越好，两人成了无话不谈的好朋友。

在小丽伤心时，王芳的问候和关心无疑起到了巨大的安慰作用。王芳几句简单的问候，见证了双方真诚的友谊，增进了两人之间的亲密度。

问候他人，并不需要千言万语，只需几句简单的话语，便会立刻在对方心中产生好感。多问候他人，有时是对对方的一种关心，对对方的一种安慰抑或对对方的一种礼貌。总之，多问候他人，将会有助于交往双方的关系越来越亲密。

具体来说，我们在平常生活、工作和学习中应该如何做才能通过问候使朋友之间的关系更加亲密呢？

1. 把"早安"和"晚安"挂在嘴边

每天早上，向朋友打招呼，道声"早上好"；晚上和自己的亲人或朋友道声"晚安"。坚持下去，那么，你和对方的关系肯定会越来越亲密。

2. 学会真诚地关心他人

比如，天冷时，向对方说："天气冷了，注意身体，多穿些衣服。"对方生病时，可以向对方说："多休息，多喝水，一定要注意别忘记吃药。"在对方出远门时，可以说："注意安全，记得打电话或发短信报平安。"

3. 认真说一声"谢谢"

在朋友对你提供帮助时，要懂得感谢。"谢谢你""非常感谢"等礼貌问候语，既显示出你很有礼貌，又会使对方对你产生好印象，当然朋友关系也会越来越亲密。

第四章

通往个性的心路：敢于矫正你的性格缺陷

别因直性子四处碰壁

生活中常常会出现这样的现象，公司招聘中，两个能力相差无几的人，老板却选择了其中一个。为什么？其中很大一部分原因就是两个人为人处世的方法不同。

做人不能失了自我，有些棱角是必要的，但是要把握好度。每个人好比一块小石子，整个社会就是一个大操场，社会交往的过程中，有些人将自己打磨得过于圆滑，没有底线，这固然不好；但是，倘若每个人都带着棱角，个性太过鲜明，那么在社会中，不计其数的棱角分明的石子撞到一起，每个人都会被撞得很疼吧。

张浩大学毕业后，进入一家外企从事销售工作。凭借出色的业绩，他很快升任第三销售团队的主管。当初，张浩因为个性耿直、为人热情而选择销售工作，并凭借这一点赢得了客户的信任。当上中层领导以后，他没有适时完成角色转换，在工作中仍然沿用以往的说话办事方式，结果给自己带来了很大麻烦。

有一次，张浩参加一个由董事长主持的会议，主题是总结上半年市场销售情况，并对下半年销售工作进行部署。会议结束前，董事长请各销售团队主管逐一发言。轮到张浩发表意见了，他侃侃而谈，开始说得还有板有眼；但是后来脱离了主题，口无遮拦，甚至对市场总监的工作加以批判，对公司的销售方针也颇有微词。

与会者开始窃窃私语，董事长也颇为不满。事实上，张浩想借这个机会，充分表达自己的市场分析，但是却口无遮拦，直接说了些未经深思熟虑的想法，结果引起了众人不满。事实上，张浩并没有恶意，而是真心为公司发展着想。他错就错在性子太直，不讲究表达方式，结果犯了众怒。

很多人认为，性格耿直是一种优点。的确，相比油嘴滑舌拐弯抹角的人来说，直性子的人确实更容易相处。他们说话一语中的、一针见血，喜欢一个人就会表示出明显的亲近，不喜欢无论当着多少人的面也会让一个人下不来台。他们不会让人费尽心思去猜他话里的潜台词，也不会因为考虑别人的感受咽下走到嗓子眼里的难听的话。

性格耿直的人的最大缺点就是说话欠考虑，这也是他们的致命缺点，很多人就是因为这一点在生活和工作中四处碰壁。

1. 为人处世要不偏不倚

"中庸之道，不偏不倚"，意思是做事情的时候不偏激，不偏向于某一个方面。理论上的说教并不能代替现实的复杂，必须根据客观情况采取灵活的对策。

道家主张的有所为、有所不为，也与"不偏不倚，中庸之道"有异曲同工之妙。佛家则主张"不要执着于有我与非我"，也是要求人们在"中庸"的道路上行进。这些金玉良言都是对个人性格培养有益的谆谆教导。

2. 当着矮子的面，不说短话

度量人心，是与他人顺利交往的关键。言为心声，如果在说话时戳到了对方的短处，自然让人横眉冷对。对方看到你的敌意，又怎么会以友好的态度面对你呢？

人与人之间的关系是相互的，将心比心是相处的不二法门。明知对方忌讳某些东西，在某些方面存在着不足，就不要触碰。如果你能时刻维护对方的这份尊严，那么自然就能得到他们的认同。

事实上，有地位、身居要职的人牵扯太多的利益方，处在复杂的关系中，因此不能由着性子直来直往，更不能在说话时轻易开口。说话还要避免说得太过绝对，要给自己留有余地，保持弹性。每句话都经得起推敲，能够接受时间的检验。

做人要拿得起放得下

因为放不下诱人的钱财，而费尽心思，结果常常作茧自缚；因为放不下快要到手的职务、待遇，而整天东奔西跑；因为放不下权力的占有欲，而行贿受贿，溜须拍马，不惜铤而走险，一旦事情败露，身败名裂，后悔莫及。

现实中，每个人都承受了太多的东西，很多时候，似乎哪一样我们都放不下，也不舍得放下。结果在沉重的负累下，步履蹒跚，等到几乎承受不住的时候才会被迫寻找解脱的方法。

学会"得到"需要聪明的头脑，但要学会"放下"却需要勇气与智慧。放下牵绊，人生的背包就会变轻，生活就会自在；放下过度的执着，人生的路就会更加宽广。

齐国的大将田忌，很喜欢赛马，有一次，他和齐威王把各自的马分成上、中、下三等。比赛的时候，上等马对上等马，中等马对中等马，下等马对下等马。齐威王每个等级的马都比田忌的马强得多，结果，田忌都失败了。

比赛还没有结束，田忌就垂头丧气地离开赛马场，这时，田忌抬头一看，在人群中发现自己的好朋友孙膑。孙膑招呼田忌过来，拍着他的肩膀说："我刚才看了赛马，威王的马比你的马快不了多少呀。"孙膑还没有说完，田忌瞪了他一眼："想不到你也来挖苦我！"孙膑说："我不是挖苦你，我是说你再同他赛一次，我有办法准能让你赢了他。"

田忌疑惑地看着孙膑："你是说另换几匹马来?"孙膑摇摇头说："连一匹马也不需要更换。"田忌毫无信心地说："那还不是照样得输！"

孙膑胸有成竹地说："你就按照我的安排办吧。"

齐威王屡战屡胜，正在得意扬扬地夸耀自己的马匹，看见田忌陪着孙膑迎面走来，便站起来讥讽地说："怎么，莫非你还不服气？"田忌说："当然不服气，咱们再赛一次！"

这次比赛，孙膑先以下等马对齐威王的上等马，第一局田忌输了。齐威王站起来说："想不到赫赫有名的孙膑先生，竟然想出这样拙劣的对策。"孙膑不去理他。

接着进行第二场比赛。孙膑拿上等马对齐威王的中等马，获胜了一局。齐威王有点儿慌乱了。第三局比赛，孙膑拿中等马对齐威王的下等马，又战胜了一局。这下，齐威王目瞪口呆了。比赛的结果是三局两胜，田忌赢了齐威王。

同样的马匹，由于调换一下比赛的出场顺序，就转败为胜。这里孙膑巧妙地运用放下的智慧，理智地舍弃下等马，反而以绝对优势取得了成功，正所谓有所舍亦有所得。

很多时候，我们不懂得放弃不属于自己的东西，总是对它们念念不忘，这样，对生活中已有的东西也视而不见，忘记了原本就属于自己的幸福生活。

为了自己容貌不够突出而怨天尤人，为了子女不能出类拔萃而伤心……我们的快乐越来越少，笑容越来越少，其实，这些不满足都是源于我们自己的心理状态，源于我们不懂得放弃那些不属于自己的东西。

有一位诗人说过："放弃是一种解脱，只有放弃困扰，我们的思想才能解放；只有放弃了思想包袱，我们才能面对种种困难。"不会放下，就只能被所谓的"执着"套牢，背着沉重的心理包袱，进退两难。

欲望可以督促我们努力奋斗，但是过分地放纵自己的欲望，只会因此而付出代价。得到，不一定是最明智的选择，而放弃不一定就是错误。

生活中最大的幸福在于体会到更多的快乐，心态平和，没有过多欲求。放下贪婪之心，放弃那些不属于自己的东西，做一个知足常乐的人。

看淡生活，心平气和，就像徐志摩诗里的一句话："得之，我幸；不得，我命。"如此而已。持有这种信念，那么人生也就没有什么了不得的"困境"，也没有什么好焦虑的。

站到别人的立场看待问题

孔子说："己所不欲，勿施于人。"当自己与他人产生矛盾和摩擦时，不妨学着去换位思考，站在对方的角度去看问题，去想事情，学会从对方的立场上去理解对方的难处，这样一来，也许问题就会得到解决，矛盾也会得到缓和。

换位思考，学会理解他人的难处，这样双方可以在交往中和谐相处，从而形成良好的人际关系。

雪晴聪明漂亮，接受过良好的教育。毕业的时候，导师在介绍信里对雪晴给予了高度评价，说她有野心、有天分、有热忱，一定会成大事。可是，雪晴连一份商场采购员的工作都做不好。

在导师的推荐下，雪晴来到一家百货公司的成衣部担任助理采购员。这份工作很适合她，因为大学专业是市场营销。以自己的条件，雪晴觉得做这份工作肯定是轻车熟路，可是她并没有取得辉煌的业绩，只做了八个月就被辞退了。

对于辞退雪晴一事，有人问上司："到底怎么回事？"

上司解释说："雪晴的确是一个有品位的好女孩，但是她犯了一个很大的错误。工作中，雪晴总是根据自己的好恶来决定式样、颜色、材质和价钱，而不是针对顾客的标准。当我提醒她有些货品可能不合顾客口味时，她就说：'哦！他们一定会喜欢的。那还用说吗？连我自己都喜欢，它一定很畅销。'"

与人打交道，每个人都渴望得到对方的理解。学会换位思考，从对方的立场出发想问题，站在他人的角度理解他人的难处，即变换立场，以心换心，相信你一定会拥有一个好人缘。

妈妈非常喜欢带着 5 岁的女儿逛商场，可是女儿却不情愿。对此，妈妈感到很奇怪，她认为商场里的东西很丰富，小孩子的商品也琳琅满目，可是为什么女儿不愿意去呢？直到后来发生的一件事情，才让她恍然大悟。

有一次，妈妈带小女儿去商场闲逛。她牵着女儿的手挑选各种各样的玩具。后来，女儿的鞋带开了，母亲便弯下身子准备帮忙，结果她发现了令人可怕的现象：呈现在眼前的全是周围人晃动的腿、走动的脚。随后，她将女儿抱起来，快速离开了商场。之后，她每次去商场都会把孩子抱起来。

这位妈妈学会了从孩子的角度思考问题，懂得"蹲下身来看看孩子的世界"。这种换位思考让她明白了孩子不愿意逛商场的原因，帮助孩子克服了"逛商场恐惧症"。

在社会交际中，与人产生矛盾或分歧时，当难以判断双方孰是孰非时，不能把自己的想法强行施加到他人身上。不妨学会换位思考，站在对方的角度上想问题，这样，就会更好地理解对方，理解他人的难处。

1. 不要吝啬你的爱与包容

美国著名的律师兼大企业巨头欧文·扬曾经指出："那些能够设身处地为他人着想，懂得他人心理活动的人，从来不需要为前途未卜而忧心忡忡。"爱人者，自有人爱。

2. 避免看人不顺眼

所有人都有相同的权利追求自己的生活。每个人都是与众不同的个体。克制一下自己的喜好，即使是你不喜欢的人，也要平等视之。人与人的涵养区别，就体现在对待自己所不喜欢的人和事的态度上。

3. 多反省自己，少怪罪别人

鲁迅先生说："当我拿手术刀解剖别人的时候，我常常先解剖我自己……"自我反省是一个人成长和成熟的重要品格。生活中，我们会遇到各种各样的人和事，自然也避免不了有一些摩擦。面对摩擦，我们应该学会换位思考，善于反省自我，尽量避免抱怨他人。

你是否难以开口拒绝别人

　　你会为了面子而不好意思"拒绝"吗？你会因为担心影响彼此关系而不忍说"不"吗？你会违背自己的意愿去做根本不愿意做的事情吗？应酬中非常不想喝酒，可是当饭桌上的人频频敬酒时，又实在不好拒绝，所以最后喝得东倒西歪；遇到朋友求助，本来没有足够的能力帮忙，只因为不好拒绝，结果自己反倒一肚子苦水……

　　一位哲人说得好："拒绝，就是放弃、抵制，批判错误的东西，与此同时，也就是主张，坚持和弘扬正确的东西。"而敢于说"不"，不是冷酷无情，六亲不认，而是一种对人对己的尊重，是一种为人真实的展现。在拒绝的过程中，也能发现并肯定生活的乐趣和美好，从而更加坚守自己的行事准则，使自己的人生得到升华。

　　张强进入销售部门的时候恰逢公司发展的大好时机，他从街头推销一点一滴做起，先后担任过销售助理、销售经理等职务。凭借良好的业绩，张强获得了不菲的收入，个人发展前景也一直被别人看好。

　　不仅如此，张强的个人素质也是很值得人称赞的。2008 年，金融危机席卷全球，张强所在公司的海外订单大幅度下降，公司业绩一落千丈。公司的很多精英纷纷跳槽到别的公司。张强却选择与公司同甘共苦。很多同事劝张强不要那么固执己见，保全自身才是王道，可张强坚持己见。

　　随着经济危机的影响慢慢消退，公司经营业绩也逐渐好转。可这时候，噩耗来了，老板因突发心脏病去世了。老板准备重新拓展海外业务，大展拳脚的雄心抱负不能实现了。紧要关头，老板的儿子被推到了公司总裁的位置。年轻的当家人毕竟资历尚浅，不仅放弃了父亲的发展计划，而且对张强等一批忠心耿耿、经验丰富的元老人物另行安置，安排他们负责行政工作。

有一天，张强被年轻的总裁约去谈话，他被安排在一个无关紧要的行政职位上。令众人不解的是，另一位同事却被派到美国开拓国际市场，这位同事的资历难以跟张强相比，唯一的优势就是他比张强年轻。原来，新总裁决定改变经营策略，把老人换成新人，给公司注入新鲜的血液。

其他同事都替张强惋惜，认为张强仍然可以施展雄心抱负，可因为总顺着小老板的意思，才被安置到一无是处的闲职上。张强不懂得靠有效途径维护自己的权益，不善于据理力争。结果，新总裁认为他江郎才尽，缺乏进取心，失去了大好前程。因此，不能事事都顺着别人，否则就会丧失很多权益，甚至葬送了自己的好前程。

生活中，总是顺着别人的人，总是容易受人"欺负"，被贬得一文不值；工作中，总是顺着别人的人，总是业绩平平，难有发展；交际中，总是顺着别人的人，总是受人冷落，不被重视。

只要有人的地方就会有各种各样的复杂关系，我们常常会碍于这样或者那样的关系，不好意思说"不"，不好意思说"丑话"，不好意思"拒绝"，所以哪怕是一堆烂摊子，哪怕自己心里有多么不情愿，还是会做出让步，但这么做真的值得吗？

在现代人际交往中，谁都无法做到"有求必应"，拒绝是一项非常重要的社交技能，那么怎样拒绝才能更加得体，尽可能地不伤人呢？

1. 委婉式拒绝

"我没办法帮忙，你找别人吧。""实在不好意思，时间上安排不开，可能没办法帮忙了，您多见谅！"与第一种直接、生硬的拒绝方式相比，显然第二种委婉式的拒绝更柔和，更不容易得罪人，也不会对彼此之间的关系造成严重的负面影响，所以拒绝的时候，一定要把话说得委婉一些，千万不要开门见山直接拒绝。

2. 坦白式拒绝

与各种撒谎、推托找理由的拒绝相比，坦白拒绝更容易让人接受。如果外出应酬不想喝酒，那么"喝酒回家会被老婆骂"的坦白式理由，远远要比"我酒量不好""喝了没办法开车"等推托更有效。所以如果不想因拒绝而影响彼此的友好关系，不妨直言自己拒绝的理由，毫不保留地说出自己的难处，这样做很容易获得对方的理解。

3. 提早式拒绝

一旦等对方先提出要求再拒绝，无疑我们会陷入被动之中，所以不妨提早拒绝，当意识到对方可能会寻求帮助，或者提出要求而我们又无法做到时，可以提前透露"拒绝"的信号，比如告知对方，自己这段时间都非常忙等。提早式拒绝避免了直接拒绝的尴尬，是一种非常好用的拒绝办法。

学会改变自己的个性

时下最不缺的恐怕就是个性，电影电视、图书杂志、微博微信，都在宣扬个性。

一个人太有个性未必是好事。明明想控制"一点就着"的脾气，但遇到令人气愤的事情还是忍不住怒发冲冠；也想改掉自怨自艾的性格，可遇到挫折和困难还是忍不住唉声叹气……

"江山易改，本性难移"，这成了绝大多数人对自身糟糕性格的托词和借口，不管是缺乏独立性、自私自利还是虚荣、愤怒、嫉妒，似乎哪种性格缺点都可以肆无忌惮地使用"本性难移"这个挡箭牌。

不要再为自己的性格缺点找借口了。性格根本不是天生的，更不是一成不变的，只要你意识到这一点，并且愿意为此做出改变，那么改变自己的性格，弥补自己性格的缺陷完全是可能的。

人的性格塑造主要是在童年时期完成的，出生后我们在特定的家庭环境和人际环境中慢慢成长，其行为习惯也随之慢慢形成，到 5 岁时，性格塑造可以完成80%左右，并基本定型。换句话说，一个人童年时的成长环境对其性格的形成有着超乎寻常的影响力。

对成年人来说，世界上没有时光机器，我们也无法穿越到自己的童年去改变任何东西，这是不是就意味着童年基本成形的性格，根本无法改变，无从改变呢？

性格形成以后，并非一成不变。随着生活经历的变化，对世界认知的不断深化，每个人都会无意中对自己的性格进行补充和再塑造。换句话说，"本性难移"只是一个毫无科学根据的托词。如何才能坦然面对自己的性格缺陷，并找出解决之道呢？

1. 用阅历完善性格

生活阅历越丰富，见识越广，性格就会越宽容、豁达。看到了世界的缤纷多彩，就不会因为看到金发碧眼的外国人而大惊小怪；知道了非洲有那么多儿童因缺少食物而营养不良，就不会再毫无愧疚地浪费粮食；了解了不同民族的各种奇异风俗后，就会懂得入乡随俗的重要性……我们可以有意识地丰富自己的阅历，这对于自身性格的完善有着非常积极的作用。

2. 别把习气当个性

大多数人标榜的个性，其实只是习气而已，是一种希望自己能任性而为所欲为的愿望。年轻人希望畅快地发泄自己的情绪，不希望把自己的行为束缚在复杂的条条框框中。如果想让自己变得更优秀，请放弃我行我素，坚持严于律己。

3. 潜在性格开发

你以为自己是一个冷漠的人，但事实上当陌生人微笑着和你打招呼时，你也会同样心存善意地回应；你以为自己自私自利，但见到弱势群体时，你是否也曾动过恻隐之心、伸出过援助之手？开发自己的潜在性格，也是修补性格缺陷的好办法，我们不妨多反思自己的日常言行，看看有哪些好的、正面的性格特质可以开发。

第五章

通往情绪的心路：别让坏脾气毁了你的一切

不要让坏情绪折磨我们的心灵

约翰·肯尼迪曾说："一个连自己都控制不了的人，我们的民众会放心把国家都交给他吗？"

生活中，不良情绪常常折磨我们的心灵，使说话办事出现种种偏差。因此，优秀的人善于控制自己的情绪，不会完全由着性子做事。他们是情绪的主人，也是个人命运的主宰。爱、希望、感恩等正面情绪令人愉悦，是获取幸福的关键；愤怒、悲伤、仇恨、恐惧等负面情绪会让个人失控，无法掌控自己的言行。

时刻保持好心情，才能拥有好状态。一旦出现过激行为，要及时调控自己的情绪，平复紧张、冲动的心理。

当年，铁血宰相俾斯麦能够力挽狂澜，带领德国走上强国之路，离不开国王威廉一世的信任与支持。而后者情商极高，善于处理各种不良情绪，显示了一个领导者应有的素养。

有一天，威廉一世回到后宫，气得乱砸东西。王后看到这种情形，关切地问："俾斯麦那个老头子又惹你生气了吧？"

"是呀！这个老头太顽固了，根本不把我放在眼里。"威廉一世坐下来，看起来余怒未消，又无可奈何。

听到这里，王后说："一个国家的君主怎么能忍受大臣的责难呢？干脆罢免了俾斯麦，找一个听话的人替代他。"

可是，威廉一世并不赞同这么做，反而帮俾斯麦说好话："作为大国的首相，他要领导很多人，难免有各种烦恼。他受了气怎么办啊，只好冲我发泄！我身为一国之君又能怎么办呢？只好摔东西！"

身为一国之君，威廉一世非常清楚俾斯麦对德国的重要意义。因此，即使俾斯麦桀骜不驯，威廉一世也没有当面大发雷霆，而是回到后宫发泄不满。在卑斯麦面前，威廉一世没有成为不良情绪的俘虏，展示了宽容、识大体的风度。

哲学家奥里欧斯说："我们的生活是由我们的思想造成的。"每个人的言行都是自己思想的产物，一切生活景象、行为特征都是思维作用的结果。思考呈现出复杂性、多变性的特征，也使得我们的人生呈现出多样性。

一个人要想征服世界，首先要战胜自己。天底下最难的事莫过于驾驭自己，正如一位作家所说："自己把自己说服了，是一种理智的胜利；自己被自己感动了，是一种心灵的升华；自己把自己征服了，是一种人生的成熟。大凡说服了、感动了、征服了自己的人，就有力量征服一切挫折、痛苦和不幸。"

掌控情绪并不容易，因为心灵永远伴随着理智与感情的斗争。年轻人应该有战胜自己的信念，控制自己命运的能力。

暴躁的性格会引发不良后果

事情的发展与自己的期望不相符，人就会产生负面情绪，表达内心的不满。表面看来，愤怒令人畏惧，实际上却暴露了当事人无助的一面。

人在愤怒时会失去理智，伤害周围的朋友和家人。通常，人们在愤怒的支配下不再顾及他人的感受和想法，会做出一些过激的行为。由此，家庭不再和睦，朋友不再亲近，当事人身体健康也会受损。

一位哲人说："谁自诩为脾气暴躁，谁便承认了自己是一名言行粗野、不计后果者，亦是一名没有学识、缺乏修养之人。"细细品味这句话煞是有理。愿我们都能远离暴躁，做一个有知识、有文化、有修养的人。

能够自我控制是人与动物主要的区别之一。脾气虽与生俱来，但可以调控。多学习，用知识武装头脑，是调节脾气的最佳途径。知识丰富了，修养提高了，法纪观念增强了，脾气这匹烈马就会被紧紧牵住。

小时候，艾伦性格乖戾，经常无缘无故地发脾气。有时候，他会把身边的东西摔得粉碎，才能平息心头的怒火。对此，父亲没有强硬地训诫，而是送给他一大包钉子——每次生气时在后院的栅栏上钉一颗钉子。

艾伦照做了，直到连续钉下 12 颗钉子之后，他才慢慢学会控制愤怒情绪。随后，栅栏上新钉子越来越少。艾伦发现，控制自己的情绪比在高高的栅栏上钉钉子容易多了。直到有一天，栅栏上再也没有出现新的钉子。

父亲带着艾伦来到栅栏边，把钉子一颗一颗地取下来，然后说道：

"孩子，你不再乱发脾气了，这样很好。你看，栅栏上的钉子留下了很多小孔，它们会一直存在下去，就像你发脾气时说的气话，像钉子一样扎进别人的心里。虽然后来你道了歉，但是这些伤痕仍然无法抹平，长久能愈合。"

一个人性格暴躁的最直接表现就是非常容易愤怒，愤怒是一种很常见的负面情绪。愤怒本身不是什么问题，但是如何表达愤怒则是个问题。

当你怒火升起来，快要无法自控的时候，一定尝试着转换心境，别因为情绪失控吃大亏。不照顾他人的感受，自然也无法得到他人的关照。对每个人来说，学会控制愤怒情绪永远是一门必修课。

脾气暴躁，经常发火，不仅是诱发心脏病的因素，而且会增加罹患其他疾病的风险，它是一种典型的慢性自杀。因此，为了确保自己的身心健康，必须学会控制自己。

1. 尽量把发怒的时间向后推迟

如果发现自己经常在一些特定的场合发怒，那么再次遇到相似场合的时候先提醒自己多忍一会儿。如果这次忍耐了十秒钟，那么下一次想要发怒的时候忍耐二十秒，久而久之你就能控制愤怒情绪，甚至不会因为外界干扰而大动肝火。

2. 从积极正面的角度想问题

有人说，把火气发泄出来有助于心理健康。但是一项研究表明，这是一种糟糕的做法，对于平复内心情绪毫无帮助。心理学家推荐了一种科学方法，那就是自觉地从积极、正面的角度看待外界的"冒犯"。

比如，开车的时候一辆车快速从旁边经过，这时应该想到"他应该有什么急事吧"，或者"可能我开得太慢了"。这样一来，你的怒火就被消灭在萌芽阶段。这是一种极为有效的控制负面情绪的方法。

3. 把发怒的缘由记下来

在笔记本上记录每次发怒的原因、时间、地点，并且认真地记录每一次发怒的细节。坚持一段时间之后，就会发现如果经常发怒，记录这些事情就变得非常麻烦，从而主动减少发怒的次数。

　　如果你想提高情商、管理好情绪，那就不要怒火上身。损害他人的物质利益，或许还可以弥补；但是发怒伤害别人的自尊和感情，那无异于自绝后路。关键时刻赶走心里那只愤怒的小鸟，你就是识大体、顾大局、能成大事的人。

遇事理智决策

　　不管你是个小职员还是个领导者，都应该养成善于接受他人意见的习惯。但是，这种善于接受意见绝不是无主见的接受。

　　对于别人的意见，要经过自己的深思熟虑之后有所取舍。

　　赵顼是一位好学的人，常常废寝忘食地读书。而且，他总是虚心接受别人的意见，乃至老师讲经时，都会带领听课的弟弟行大礼。赵顼继位以后，面对的是国家财政长期入不敷出的窘况，于是他励精图治，希望大有作为。

　　为了获得富国强兵之术，宋神宗虚心向参与过"庆历新政"的大臣富弼讨教。但是富弼遭遇失败的打击，早已丧失了改革的勇气和雄心。更严重的是，他久居高位，已经变得十分世故，整天醉心于读经念佛。当宋神宗征询意见时，他甚至让宋神宗放弃富国强兵的改革念头，做一个"无为"的君主。

　　胸怀大志的宋神宗没有听从富弼的歪理邪说，一心坚持变革图强的治国策略。他吸取教训，仔细分析了朝廷各位大臣的施政理念，最后把目光放在威望颇高的王安石身上。宋神宗通过严格的考核，发现王安石与自己的想法不谋而合，于是向他提出了改革的想法。

　　公元1069年，王安石被任命为参知政事，负责大宋王朝的变法事宜，这就是著名的"熙宁变法"。这次变法持续了 18 年，使宋朝的国库收入大大增加，国家"积贫""积弱"的局势有所缓解。

宋神宗的确是一位贤明的君主，不盲目接受别人的想法，不被他人错误的意见误导，而是基于自己的判断和分析，找到变革图强的道路，堪称优秀领导人的典范。

领导人在用人、管理等问题上，一定要避免盲从，避免被误导。正确的做法应该是根据实际状况，在周密调查的基础上，制定发展策略。领导人需要注意倾听他人的意见，但前提是独立思考。

爱因斯坦说："发展独立思考和独立判断的一般能力，应当始终放在首位。"在传统看来，对权威的不服从是犯了弥天大罪。在某些学术权威看来，在他领导的这个学科几乎已成为他一个人的自留地，不允许他人发表与其不同的意见，如有违反便要遭到无情的打击。

决策之难，就在于它是一个全面的、连续的过程，而不是孤立片面的活动。今天的决策联系着昨天决策的意旨和行动的结果，明天的决策又与今天的行为相关联；决策的各个方面又是相互连接，牵一发而动全身。因此，做出正确的选择，必须全方位地考虑各方面的情况。

1. 集思广益，从多个方案中抉择

决策要有若干个可行的备选方案，一个方案不能比较优劣，也没有选择的余地，所以多方案选择是科学决策的重要原则。为此，必须掌握来自各个方面的情报，比如多从各方听取有价值的意见。通过汇集不同的意见，形成各自的决策方案，最后通过比较，选择最优方案。

2. 保证全面决策，增强决策科学性

一般来说，决策不全面包括以下几种情况：首先，片面决策，只考虑其中的一个因素，未顾及其他因素，顾此失彼；其次，决策不连贯，考虑了这一步就没有下一步；最后，死板，当外界条件变化时决策没相应的改变。这要求领导人通盘考虑全局，照顾到大局，才能科学决策。

掌控情绪比成功更重要

年轻人有想法，也有干劲儿，意气风发，但是缺少自控力，很容易被自己的情绪掌控。关键时刻保持理性精神，学会站在全局的高度考虑问题是一种重要的能力，也是个体心智成熟的重要标志。

人是有理性的，而非依赖感情行事。自制力差的人会做出一些出格的事情，破坏来之不易的局面，常常捡了芝麻丢了西瓜。因为抵制不了一点儿小刺激和小诱惑而越轨，最终害的还是自己。

一个间谍被敌军捉住了，为了自保立刻装聋作哑，无论对方如何威逼利诱，都没露出破绽。最后，审讯人员语气平和地说："好吧，看起来我从你这里问不出任何东西，你可以走了。"

如果间谍立刻转身离开，那么他会当场被识破，因为他明显在装聋作哑。结果，这个聪明的间谍呆立着不动，仿佛完全没有听到审讯人员的话。

事实上，审讯人员就是假意释放间谍，观察他是否真的聋哑，因为一个人在获得自由的时候常常会精神放松。看到间谍依然毫无动静，审问还在进行，审讯人员不得不确信他是一个聋哑人。就这样，间谍保住了性命。

很多人惊叹于这个间谍何等聪明，其实与其说他机敏过人，不如说他具有超凡的情绪自控力，在关键时刻拯救了自己的生命，换回了自由。

研究表明，情绪是人对外界刺激最直观、最本能的情感反应。通常，它只从维护情感主体的自尊和利益出发，对人和事缺乏复杂、深远和智谋的考虑。许多人智商很高，往往在情感方面欠妥，出现以情害事、为情役使、情令智昏的状况，显示了情绪掌控的特殊性。

不恰当的情绪反应不仅会给他人带来麻烦，也会影响自己的心情。积极乐观的人遇到挫折，会激励自己战斗下去，能很快脱离眼前的困境；宽容豁达的人面对各种遗憾，会选择忘却，不与他人斤斤计较……恰当表达情绪，可以帮个体摆脱不良情绪的困扰。

一位哲人曾经说过："一个人的心态就是一个人真正的主人，要么你去驾驭生命，要么是生命驾驭你，而你的心态将决定谁是坐骑，谁是骑师。"拥有幸福、快乐的人生，要学会调节情绪，做命运的主宰。

"昨天的忧虑、明天的忧虑，加上今天的忧虑，累积在一起，就造成了你心灵最大的负担。"一个人如果想提升魅力、有所作为，首先要在心理上成熟起来，掌握调节情绪的有效方法。

要有稳定的情绪和成熟的心态

人之所以变得焦虑、痛苦，许多时候与自己的心态有关。如果能够看透、看开一切，那些令你纠结、烦恼的问题往往会迎刃而解。

有一个年轻人从来不与人争执，每次生气的时候就迅速跑回家，然后绕着自己的房子和土地跑几圈，最后累得坐在地上气喘吁吁。接下来，他继续努力工作，把精力投入赚钱养家上面。结果，他的房子越来越大，土地也越来越多。

许多年过去了，他已不再年轻。当心情烦闷的时候，他依然会围着房子和土地转圈，只不过这时他拄着拐杖，不再是那个努力狂奔的年轻人。孙子站在身边问道："爷爷，您为什么从来不与人计较呢？"

他笑了笑，心态平和地说："年轻时，我一生气就绕着房子和土地跑，因为我没有更大的房子，也没有更多的土地，哪有时间、哪有资格跟别人生气呢？一想到这里，我就不再生气，干脆把所有的精力用来努力工作。后来，我有了大房子，土地也很多，更没必要与人计较了。于是，我平复了心情，让自己每天都过得很快乐。"

在肯尼迪·古迪的《怎样让人们变成黄金》一书中有这样一段话："停下来，用数秒钟的时间比较一下，你是如何关心自己的事情和关心他人的事情的，然后你就会理解，别人也和你一样。而你一旦掌握了这个诀窍，就会像罗斯福和林肯一样，拥有了做任何事的坚实基础。换言之，和别人相处的关系怎样，完全取决于你在多大程度上替别人着想了。"

遇事多一分冷静，保持理性思考的能力，能有效规避情绪对抗带来的恶果。

缺乏情绪掌控能力，是做事的大忌。艾森豪威尔说："能控制自己情绪的人，可以成就任何大业。"

　　秦朝末年，张良曾经像许多仁人志士一样计划谋杀秦始皇，但是遭遇了严重挫折。后来，他逃到下邳隐居起来。有一天，张良在村边的石桥上遇到一位白发苍苍的老人。两个人擦肩而过的时候，老人的鞋子不小心掉到桥下，于是就让张良帮他捡回来。起初，张良心里非常不情愿，但是看到对方年老体衰，就克制住自己的怒气去捡鞋子。

　　张良放下鞋转身要走，却被老人拦住了："替我把鞋穿上！"张良顿时怒火中烧，心里充满了怨气：我好心帮你把鞋捡回来，你竟然得寸进尺，真是太过分了！张良正想破口大骂，然而转念一想，自己已经把鞋子捡回来了，骂他岂不是前功尽弃，还是好人做到底吧。就这样，张良默不作声地替老人穿上了鞋。

　　这些举动赢得了老人的赞赏，经过了几番考验，老人最终将《太公兵法》传授给张良。张良得到这本奇书后，刻苦诵读，最后成为满腹韬略、智谋超群的一代名臣。

　　老人考察张良，就是看他有没有遇辱能忍的自我克制的修养，有了这种修养，才能担当大任，才能遇事冷静，知道祸福所在，不意气用事。

　　心理成熟度高的人更容易适应社会的变化，并且根据外部环境调整自己的行为。遇到不如意的人和事，学会将心比心，这既是一种心理掌控术，也是高超的社交策略。

云淡风轻，惜别昨日

人们对得不到的东西过分追求和渴望，并为此苦苦坚持，自然会心生烦恼，变得焦虑不堪。从根本上说，烦恼和焦虑是自我施压的结果。

放弃不切实际的想法，过好当下的日子，学会面对现实，就能减少大部分焦虑。世俗的烦恼是无法避免的，最重要的是保持一颗淡定心，保持内心的宁静与从容。

一个年轻人刚过完22岁生日，竟然遭人陷害，随后在监狱里度过了漫长的10年。后来，冤案得以平反，他也被释放。想到自己曾经的牢狱之灾，年轻人愤愤不平，始终无法平复心情。是啊，在阴暗潮湿、气味难闻的监狱里度过了人生最美好的时光，对谁来说都是无法接受的。

随后，年轻人开始了牢骚满腹的日子，他日复一日地反复控诉和咒骂："我真是太倒霉了，在我最年轻的时候居然遭受冤屈，为什么陷害我的那个人没有得到惩罚！"

时光匆匆，年轻人变成了老人，他在抱怨中度过了一生，终于卧床不起。临终之时，牧师来到床前，轻轻地说："可怜的孩子，在去天堂之前先忏悔一下你在人世间的一切罪恶吧！"老人躺在病床上仍然对往事耿耿于怀："我不需要任何忏悔，我需要的是不停地诅咒，诅咒那些给我带来不幸的人。"

听到这里，牧师问道："没错，你曾经遭受了冤屈，在监狱里吃尽了苦头。那么，你在监狱待了多少年呢？"

老人说自己被囚禁了10年，牧师听了长叹一声："可怜的孩子，你真是这个世界上最不幸的人。虽然你蒙受了不幸、遭遇了不公，但是当你走出牢房的那一刻，你没有享受外面的自由，仍然用心中的仇恨和咒怨将自己囚禁了几十年。这才是最可悲的事情。"

人生有很多美好的事情，也有很多美丽的风景，不要为了虚名放弃这些实实在在的东西。人生就像一艘远行的船，总是在不停地装货、卸货，船上不能有太多的负重，否则船就会在途中沉没。那些不属于自己的东西，该放下时就放下，不要被其拖累。

当我们在生活中遭遇各种不幸和挫折时，应该先冷静下来思考一下可能会出现的三种结局：最好、中等、最坏，同时还要不停地提醒自己："我不一定就会得到最坏的结局，有可能会是中等或者最好的结果，凡事一定要尽量往最好的方面去想、去努力。"

经历痛苦的时候要学会调整自己的情绪，学会微笑着对自己说，何必纠结至此。时间能够治愈一切，所有人生的苦难终将过去，挥一挥手勇敢地和它们告别。

对每个人来说，学会放下是一种了不起的能力，也是获得幸福人生必须具备的智慧。在关键时刻能够拿得起、放得下，善于忘记那些不愉快的事情，你就离幸福不远了。放下那些没用的东西，你才能专注于自己真正热爱的人和事，远离焦虑的状态。在学会放下之后，烦恼和焦虑自然会消失，取而代之的是难得的轻松与惬意。

第六章

通往宽容的心路：真理在握也要让人三分

多一些包容，少一些烦恼

　　宽容是一种美德。能够宽容别人的人，可以和任何人融洽相处，赢得更多朋友和友谊。在复杂的社会中，宽以待人，能有效减少不必要的摩擦和误解，消除隔阂与分歧。

　　苏格兰著名历史学家卡莱尔说："一个伟大的人，以他待小人物的方式，来表达他的伟大。"生活中有太多的小事，根本不值得计较，我们应该用一种包容平和的心态去积极面对，学会看开、看淡、看远、看透一切。如果能做到这些，那么人生就会过得更加幸福和快乐。

　　青年时代，林肯曾在印第安纳州的鸽溪谷定居。当时他年轻气盛，总是喜欢当面指责别人，甚至还经常写诗嘲讽对手。他经常把写好的东西扔在别人必经之路上，这种对他人造成的伤害往往令人终生难忘。

　　1842 年，林肯在伊利诺斯州的春天镇挂牌做了律师。此时，他经常在报纸上发表文稿，公开攻击对手。

　　这一年的秋天，林肯讥笑一位自大、好斗的爱尔兰政客——希尔兹。在当地的报纸上，林肯刊登出一封匿名信大肆嘲讽希尔兹。希尔兹平日里骄傲敏感，哪里能受得了这样的侮辱。他马上查出是谁写了这封信，当即跳上马找到林肯，并要与他决一死战。

　　显然，林肯平时不愿打架，更反对这种真刀真枪的决斗，可是为了保全面子还是答应下来。希尔兹让林肯选用一种武器。由于手臂特别长，再加上曾与一位西点军校的毕业生学习过刀战，林肯便选用了马队用的大刀。

　　在指定日期内，两个人在密西西比河的河滩上准备决斗。朋友们匆忙赶来，经过一番劝说，才使得两人最终放弃了这场厮杀。

经历了这件事，口无遮拦的林肯似乎清醒了许多。他没想到自己的嘲讽竟然招致这么严重的后果，而这件事也给了他一个极其宝贵的教训。也是从这个时候起，林肯几乎不再为任何事而批评他人。

每个人的修养与利益诉求不一样，所以交往中难免发生矛盾和误会，包容他人的缺点，也给你带来更多收益。更重要的是，如果你想从友谊中获得快乐，更需有一颗包容的心，容忍他人的缺陷与不足。

宽容是一种境界，一种风格。它是春风，所到之处鲜花盛开；它是阳光，亲切、明亮，带给人间无数温暖。

学会包容和宽恕，能得到无限的力量。计较的人生没有快乐，也不会有安宁的生活。包容，内心才会变得波澜不惊。

做人要有宽广的胸怀

在人际交往中，你会发现心胸宽广的人更容易赢得朋友。聪明的人总是尽可能地迁就对方，看似懦弱的举动其实正是生存的智慧。

多一些体谅，多一些理解，多一些宽容，人生就会多一份友谊，多一份和谐，多一份快乐。凡事不要太过较真，用包容、理解的心看待人生中的缺憾，你会有更大的收获。古今中外，凡是成大事者必是豁达洒脱之人，能容人所不能容，忍人所不能忍。有拿得起放得下的气魄。这样的人才是成大事、立大业的不平凡之人。

境由心生，以一颗平静、宽容的心面对世界，得到的将是一个和平的世界。遇到烦心的人和事，不妨敞开心扉，打开自己的一扇心灵之窗，拥有像天空一样广阔的胸怀，自然容易迈过人生的沟壑。

查理和亨利共同生活在美国一个小镇上，虽然两个人是邻居，但是经常闹矛盾。这种并不和睦的关系究竟因何而起，没有人能够说清楚。不过有一点可以确信，他们都不喜欢对方，并对此耿耿于怀。

这一年夏天，查理和妻子外出旅游了。起初，亨利和妻子并不知情，直到有一天在院子里除草时候，他发现查理家的草已经长得很茂盛了，才明白对方已经出门很久了。

应该帮忙把草清理干净。但是，这个想法出现在脑海的时候，亨利感觉非常吃惊，怎么能帮自己讨厌的人除草呢？经过一番激烈的思想斗争，亨利仍然选择把查理家的草清理干净了。

过了一段时间，查理和妻子旅游回来了。第二天，查理敲开了亨利的门，用一副十分好奇的表情看着亨利。过了一会儿，他开口问道："亨利，是你帮我除掉院子里的那些草吗？"原来，查理仔细询问过这条街上的所有人，都说没帮忙除草，最后才找到了亨利。

亨利可以辨认出来，查理的语气里含有一丝责备的意思，但是比起以前横眉冷对的样子，关系缓和多了。"是的，的确是我做的。"亨利用带有一丝挑战的语气回答，以为对方会发火。可是，查理低着头犹豫了一下，最后低声说："谢谢！"

这完全出乎亨利的预料，他站在那里发呆，不知道查理什么时候离开了。毫无疑问，这是一个美好的开始。接下来的日子里，两家打破了以往的沉默和不和谐，逐渐建立起和睦的关系。

一个人若想成就一番大事，在人际交往中，就不要太计较个人的得失，而应该把目光放得长远一些，胸襟博大，宽容地对待他人。现实生活中，谁不渴望友谊呢？一个人，若想在人际交往中获得好人缘，就要以宽容为怀，以大局为重。

1. 尝试着理解他人

遇事多站在对方的立场上思考问题，替对方打算，在遇到同自己意见不一致甚至相背的见解时，能听得进去，或者经常替别人想想，对自己看不惯的行为，做到豁达大度。

2. 包容对方的失误和缺点

对于接触到的每个人，要宽容以待。对于一些小错误，不应当面指出，否则不但会中断彼此间的谈话，更会引起对方的不快。对于他们的缺点，要理解和包容。如果抓住对方的小辫子不放，你注定成为孤家寡人。

3. 释放你的真诚和善意

在与人打交道时，每个人的经历、学识和利益不同，共事或合作必然会有摩擦和矛盾，坚持原则是必要的，但更重要的是相互谅解。如果某些地方看不惯，只要不妨碍大的原则，只要没有危害你的利益，就应该以友善的态度应对，给予对方必要的帮助。

为他人着想是人生的必修课

爱因斯坦说："对于我来说，生命的意义在于设身处地替人着想，忧他人之忧，乐他人之乐。"这是一种怎样宽广的胸怀，让他足以容纳他人的忧和乐，这本身就是一种慈悲，一种人生的大爱。

生活中，我们总会遇到有缘人，那是生命中美丽的邂逅，无论是擦肩而过还是结为金兰，都是弥足珍贵的。珍惜每一次真挚的心跳，多为他人考虑一些，不但令他人感恩，自己也会内心舒畅，并将心底的往事定格为此生最美的风景。

闻名世界的日本八佰伴曾经是日本最为成功的超级市场，也是当时世界上最大的零售商之一。其发展历史曲折艰辛，充满传奇，它的创始人阿信之子——和田一夫，将八佰伴从一个乡村菜店一步步发展为日本零售业的巨头。这一直为人们津津乐道。

日本八佰伴每年与各厂家的订货量是相当惊人的，所以各厂家都在出厂价的基础上又给予了一定的优惠。然而，八佰伴却总是认为各厂家的价格仍然过高，盲目疯狂压价，直至厂家无法接受，被迫终止了与八佰伴的合作关系。

市场道德的本质是通过利人来利己，先利人后利己。市场经济的游戏规则是你想得到别人的东西，既不能偷，也不能抢，只能通过交换，先创造财富后获得财富，先人后己。利人是利己的前提。让别人得到利益，自己也会得到利益，让别人赚了钱，自己也就赚了钱。这正是所谓的"成人之美，方能惠己"。

追求利益是人生而为人立于世的动力，但为了赚取更长久的利益，人们必须克制贪欲，放眼长远。求利之心人皆有之，但是过度的贪婪就会埋葬人们长远的利益。不妨本着有了好处大家共同分享的精神，放弃一时的贪欲，这样人们反而可以获得更多的利益和更大的成就。

宋代大儒朱熹说过："体谓设以身，处其地而察以心也。"这句话道出了将他人的处境纳入思考范畴的境界，需要具备很高的修养才能体会到其中的乐趣。所谓"己所不欲，勿施于人"，说的也是这个道理。心胸宽广的人更容易设身处地地为他人着想，在生命中阐释着宽容、忍让、体谅，也感受到人性的种种美好。

人与人之间的关系是共生的。在大自然里，各种植物界相互影响、相互促进、互得利益。荒野地里，一株植物单独生长时，往往长势不旺，没有生机，甚至枯萎衰败，而当众多植物一起生长时，却能郁郁葱葱，挺拔茂盛。

人生就像春种秋收，随着四季的流转，不停地播种和收获。播种不同也将收获不一样的人生。你把目光投向大海，你将得到整个海洋；你把目光投向天空，你将得到整个天空；你用目光穿透黑暗，你也就会收获黎明；你用目光温暖众人，你也将得到众生的关爱。

心胸宽广的人通常善于换位思考，善于站在他人的立场考虑问题。他们心里装着别人，自然也会得到他人的眷顾，这就是互利互惠的智慧。

律己宜严，待人宜宽

宽容，是为人处世的一种人生态度，也是做事的智慧。总是对别人吹毛求疵的人，一定不会受欢迎。

懂得宽容的人坚持"律己宜严，待人宜宽"，经常自省，发现自己的不足之处，积极改进。反省自己，其实也是一种释放，一种解脱。怪罪别人，而不反省自己，更多的时候，是因为好面子，不愿承认是自己错了，好像自己错了就会被别人看不起，就会低人一等，从而在心里面很压抑，硬撑着说不是自己的错。

山脚下有一条河流，河水非常湍急，一直奔流向远方。如果想度过这条河，根本无法蹚水过去，必须从唯一的独木桥上经过。而且，独木桥很狭窄，每次只能通过一个人。

清晨，河东边的年轻人想去西山上采药，而河西边的樵夫想到对岸的集市上卖柴，于是两个人同时上了桥，并且都走到了桥中央。显然，任何一个人都无法通过，必须有一个人退让。

两个人不约而同地期待对方让步，但是谁都不想成全对方。年轻人毕竟没有定力，很快着急了，提出让樵夫退回去。但是，樵夫没有答应，只是冷冷地说："喂，你看不到吗？我要去镇上卖柴，识趣的话赶紧让开。"

年轻人终于忍无可忍："你没长眼吧，怎么挡我的道？赶快让开，否则对你不客气。"说着，挽起袖子准备动手。樵夫身体强壮，根本不在乎年轻人，于是双方扭打在一起。

结果，两个人因为用力过猛掉落到桥下，顺着河水漂到了很远的地方。这时候，他们根本没有当初的盛气凌人了，全部成了落汤鸡。

　　有人说，世上只要有人的地方就有纷争。事实上，如果能秉持以和为贵的理念，就容易与他人建立融洽的关系，在宽仁中赢得对方好感，发展友谊。一个人如果能够养成"宽以待人"的优良品德，就一定可以在同他人的相处中，严格要求自己，宽恕地善待他人，不断提高自己的思想境界，使自己成为一个道德高尚的人。

　　"宽以待人"不仅仅是一种待人接物的态度，也是一种高尚的道德品质；它能够化解人和人之间的许多矛盾，增强双方的友好情感。

　　生活需要理解和感悟。如果不断地自我反省，总结经验，吸取教训，就会不断进步。

　　因此，改变能改变的，是我们每个人必须努力的方向；接受不能改变的，或短期内不能改变的，是我们每个人要调整的心态；而享受已有的成功，是我们应得的回报。心态好，一切都好。

学会真诚地赞赏他人

虚荣心，是人类的一种心理状态。其实，社会上每个人都会有不同程度的虚荣心。人人都渴望得到他人的赞美、尊重和认可。所以，与人交往，为了能够给对方留下好感，为了能够拉近交往双方的距离，适当地满足一下对方的虚荣心，就不要吝啬你的赞美。

每个人都渴望被他人赞美，每个人都喜欢被他人肯定。对他人一句简单的赞美，在满足对方虚荣心的同时，又给对方留下了好感，密切了交往双方的人际关系。

华克公司在费城承包了一项建筑工程，并要求在指定的日期内完工。起初，一切都进展顺利，很快就要完工了。突然，负责供应外部装饰铜器的承包商说不能按期交货。整个建筑工程都要搁浅，而巨额的罚金、惨重的损失，显然都与这个承包商有关。

为了解决问题，公司使用了各种方法，工作人员甚至还在长途电话中与承包商发生了激烈的争吵。结果，一切努力都无济于事，于是高伍先生被派往纽约解决难题。

见到承包商经理的时候，高伍先生并没有在第一时间与之争论按期交货的问题，而是在互做介绍之后提出了一个问题："你知道自己的姓名在布鲁克林区是独一无二的吗？"经理对这个问题感到十分诧异："不，我可不知道。"

"哦，"高伍先生说，"今天早上我走下火车，查看电话簿寻找你的住址时，发现在布鲁克林区的电话簿中只有一个人叫你这个名字。"

"我可一直都不知道。"这位经理说。随后，经理开始很有兴趣地查看电话簿。"啊，那不是普通的姓名，"他自豪地说，"我的家庭大约在200年前从荷兰迁到纽约。"接着，他开始谈论自己的家庭及祖先，连续说了几分钟。讲完后，高伍先生又恭维他有那么大的一个工厂，并且比自己曾经参观过的几家同类型的公司更好。"这是我所见过的最清洁的铜器厂。"高伍先生说。

"我花了一生的心血经营它。"经理深有感触地说道，"对此我很自豪。你愿意参观一下工厂吗？"

在参观的时候，高伍先生又赞扬了对方的管理组织系统，并说明为什么工厂看起来比另外的几家竞争者要好，以及好在哪里。高伍先生提到了工厂中几种特殊的机器，这位经理说那些机器是他自己发明的。随后，他还特意带高伍先生去看那些机器，解释它们如何工作，以及产品如何精良等。最后，经理坚持请高伍先生吃午餐。高伍先生明白，此行的目的基本达到了。

吃完午餐后，经理说："现在，我们谈正事吧。自然，我知道你是为什么来的。我没有想到我们的聚会如此愉快。你可以回费城转达我的承诺，即使其他生意我不得不延迟，你们的材料我也将保证按期做好并送到。"高伍先生甚至没有任何请求，就得到了他所需要的东西。结果，材料按期交齐，建筑工程在合同期满的那天竣工了。

你可能会觉得别人与众不同，并觉得很诧异，但是只要换一种眼光去捕捉他们身上的闪光点，学会真诚地欣赏，就会惊喜地发现他们那么可爱，有那么多可贵的品质。你把这些人当作珍视的朋友，就会感觉自己并不孤单。

懂得赞美，不吝啬你的赞美，稍微满足一下对方的虚荣心，会让你的人际关系发展得越来越好。但是，赞美也需要一些技巧。

1. 赞美不分对象

赞美不分对象，每个人都希望被赞美。经常对自己的亲人进行赞美，有利于密切双方联系、增进情感、加强沟通，会使自己的大家庭更加和睦；经常对自己的恋人赞美，可以使爱情更加甜蜜；经常对自己的朋友赞美，友谊会更加稳固；经常对自己的同事赞美，有利于大家更加团结。

2. 真诚赞美，拒绝虚伪

虚假的"赞美"，阿谀奉承式的语言，都是不真诚的，并不是对人发自内心的肯定和评价。这样的拍马屁式的"赞美"会令人生厌。对一个人的赞美要诚挚，只有这样，才会使对方听着舒服，产生应有的效果。

3. 从细微之处赞美他人

要想使赞美更加具有真实感，使人听后能够信服，并给对方留下良好的印象，试着从细微之处赞美他人吧！赞美的内容越注意细节，就越具体，越能使对方感到高兴。比如从一个人的穿着打扮方面来赞赏对方，"你今天穿的这双马靴真漂亮，颜色和款式都很适合你，更加衬托出你修长的双腿"。

感谢对你提出批评的人

这个世界上没有人会对赞美之词说不，然而很少有人对批评之语说是。人人都喜欢听好话，这是人之常情。面对中肯的批评，如果能坦然面对，相信对你大有裨益。

当然，批评有程度和性质的不同。有些批评比较轻，涉及的问题并不严重，容易被大多数人接受。而有些批评可能过于尖锐，就不是每一个人都能接受的。如果怀恨在心，报复的种子就会在心底播撒。

一般情况下，尖锐的批评会涉及人的尊严、面子，打击当事人的自尊心。由此，心中感到怨恨也属正常。最好的办法就是当面和对方说清楚，避免误会。

如果对方说得对，就虚心接受。如果对方说得不对，大可不必理会，因为清者自清。总之，不要将仇恨情绪蔓延开去。

梅西是一名德国律师，精通多国语言。第二次世界大战爆发后，他逃到瑞典首都斯德哥尔摩，为了解决吃饭、住宿问题，不得不放低身段找工作。

他给当地多家公司投了求职信，说明自己会多国语言的优势，并且信件都是用瑞典文书写，并注明自己想谋得一份进出口公司秘书的工作。梅西本以为凭着专业优势，肯定能找到工作，但是事与愿违，大多数公司回信说，现在是战争时期，暂时不需要这类人才。

虽然是回绝信件，但是各家公司的措辞都比较客气，只有一家公司例外。

这家不友好的公司回复道："你对我们的了解完全错误，并且你的瑞典文写得一塌糊涂，公司根本不需要一个像你这样愚笨的秘书。"梅西看完这封信气急败坏，当下就准备回信与对方辩论一番。

但是，拿起笔的那一刻，梅西犹豫了。"我怎么知道这个人说得不对呢？瑞典文不是我的母语，虽然自己学习过，也许有些错误一直蒙在鼓里呢。如果真是这样，这恰恰暴露了我的不足。我是不是应该感谢这个直言相劝的人呢？"

想到这里，梅西照例写了回信，但是内容完全与最初的想法不同了。他在信中表达了自己的谢意，并且对自己搞错对方公司业务道歉。最后，还表明一定加强瑞典语文学习。

出乎意料，信寄出去之后，没过几天，梅西就收到了这家公司的邀请函，让他入职。

面对陌生人的尖锐批评，及时转换了心情，调整了情绪。更难能可贵的是，他非但没有将批评放在心上，还从中反省自己的不足。最终，梅西凭借虔诚的态度收获了一份工作。

在我们身边，很多人无法善待批评自己的人，因为听到不友好的言辞而心生仇恨，这样的情形太常见了。放不下面子，不肯承认自己的缺点，所以责怪对方言辞犀利。嗔怪之下，无法原谅和宽恕对方，其实是不肯放过自己。

《圣经》上说："怀着爱心吃青菜，也会比怀着怨恨吃牛肉好得多。"怨恨会伤到自己，既然对方已经让你感到不愉快，那又何苦再用怨恨情绪让自己更受折磨呢？

生活中的每一天都应该开心、自在，别让那些意外的声音影响你的生活。永远不要试图去报复那些批评你的人，当你放下仇恨情绪的时候，你也是在善待自己。

　　总之，不让他人的意见左右你的生活和想法。面对尖锐的批评，如果念念不忘，甚至为此懊恼、怨恨，无异于放大仇恨，让自己没有好日子过。

心有多大，舞台就有多大

人生在世，如果过多地与人计较，甚至与自己计较，总在为得失算计，那就失去了生活的乐趣。

宽容是一种修养，一种德行，一种度量。如果人人都有宽容忍让的心态，那么这个社会肯定会变得更美好，人与人之间的关系也肯定会变得更和谐。与人相处的过程中，如果以严厉的态度、倨傲的性格对待别人，就会招致怨恨，引来不满。利人就是利己，亏人就是亏己，容人就是容己，害人就是害己。因此，君子以容人为上策。

处世让一步为高，退步即进步的根本；待人宽一分是福，利人是利己的根基。忍住自己的私欲、怒火，实际上是帮助你自己成就大业。

清代康熙年间有一位礼部尚书名叫张英，安徽桐城人。有一次，老家的人准备扩建住宅，结果与邻居在地基的问题上发生了矛盾。母亲写信给张英，让他采取一定措施压制邻居的嚣张气焰。

张英陷入了左右为难的境地，最后经过深思熟虑写了回信："千里家书只为墙，再让三尺又何妨。万里长城今犹在，不见当年秦始皇。"母亲看到信后立刻明白了儿子的深意，于是主动把院墙向后移了三尺。

邻居看到这种情形意识到自己的行为有些过火，也主动把院墙向后让出了三尺的空间。就这样，两家院墙之间出现了一条六尺宽的巷道。周围的人每次谈起这件事都赞颂两家人懂得谦让，具有良好的道德修养。

张英身为礼部尚书，没有凭借自己的权势欺压他人，而是采取了忍让的策略化解与邻居的矛盾，最后取得了超乎想象的良好效果，实现了和谐共生的局面。

林语堂先生曾说："遇事忍耐为中国人的崇高品质，凡对中国有所了解的人都不否认这一点。"面对糟糕的局面，以及恶劣的生存环境，有时候你不得不忍耐一时。而在关键时刻，忍耐的承受力决定了你的成败。

生活与工作中的矛盾不可避免，关键是要妥善解决各种问题、化解彼此的隔阂。当双方发生冲突时，一味争强好胜并非最明智的做法，主动忍让能带来祥和的气氛。处理家庭、同事、邻里等各种关系，需要适时忍让，和谐相处。做人做事，"忍常人所不能忍"，才会成就更多，收获更多。

与人相争不是一种高明的策略，赢得友谊、战胜对手的智慧是"得饶人处且饶人"。竞争无处不在，但是这并不意味着不讲原则地争强好胜。凡事锱铢必较，不但处处树敌，自己也会增加不必要的烦恼，甚至引发仇恨，让人身心俱疲。

可见，宽容是做人、处世的大智慧，也是和谐人际关系的一种润滑剂。尤其是在双方产生针锋相对的矛盾时，如果选择硬碰硬往往两败俱伤，恐怕这种"伤敌一千，自损八百"的局面并不是我们的初衷。

待人对己都要留有余地

中国古代学者李密庵写过一首《半半歌》，诗云："饮酒半酣正好，花开半时偏妍，帆张半扇免翻颠，马放半缰稳便。半少却饶滋味，半多反厌纠缠。百年苦乐半相参，会占便宜只半。"凡事太圆满不是人生的最高境界，遇事留有余地才是人生的大智慧。

常留余地二三分，体现了人生的一种智慧。让人生多一条退路，自由度就会大大增加。进也可、退也可，亲也可、疏也可，上也可、下也可，比起太圆满的状态，这种境界显得那么高超。世事无常，万事多留些余地，有助于在人际交往中更加游刃有余。

"天下没有不散的筵席"，从聚合到分离是人生不可避免的一种发展态势。当我们离开原来的同事时，一定要保持联系，时刻问候，而不能"人走茶凉"，从此音信皆无。

李丽在一家外企工作三年了，她感觉自己在原来的公司没有了很大发展空间，所以想寻找新的机会，拓展自己的发展空间。几年来，她在这家企业人际关系良好，和同事保持着一种融洽的合作氛围；所以当她准备离职时，大家都舍不得。李丽当然也很留恋朝夕相处的同事，所以她把大家召集起来，举行了一次告别晚宴。

进入一家新企业后，李丽经常和大家保持联系，遇到重要节日少不了问候，隔段时间还要来一次聚会。有一次，李丽在业务上遇到了难题，郁闷的时候想到了以前的同事。结果，她在原同事的帮助下很快解决了难题，还认识了一大批客户，这给她的发展提供了很大便利。

离职但不丢掉与同事的关系，巧妙经营自己的人脉，这就是李丽成功的经验。如果用一句话来形容，那就是"人走茶不凉"。马克思曾经深刻指出："人在本质上是一切社会关系的总和。"对那些长久在职场打拼的人来说，良好的人际关系不但使我们的生活更充实，还能在事业发展上给我们提供难得的机会，带来意外的惊喜。

目前，频繁的社会流动使人们意识到"人脉"的价值，所以许多人开始有意识地建立和维护自己的人际网络。经验表明，缺少良好的人际关系使人们在工作和事业发展中寸步难行。所以，想要在职场中适者生存，首先要掌握"人走茶不凉"的经营智慧。

一幅画上必须留有空白，有了空白才虚实相间、错落有致。有余地才更加符合实际，才更加充满希望。当然，留有余地不是一种立身处世的圆滑，不是有力不肯使，也不是逢人只说三分话，而是对世界、对自己抱一种知己知彼的理性态度。

世界的复杂性远远超出我们的想象，无论有多么大的本事，也无法永远灵活应对一切。保持一份谦和与包容，给自己留有一丝余地，其实是自我成全、自我保护的理性选择，也是处事通达的人生策略。

第七章

通往情场的心路：爱要拿得起放得下

男人和女人是两种不同的动物

安德瑞·摩里斯在《婚姻的艺术》这本书里面曾经说："没有一对婚姻能够得到幸福，除非夫妇之间能够相互尊重对方的差异。"任何要走进神圣婚姻殿堂的人，都需要仔细了解男女之间的差异，并且尊敬相互之间差异。

朋友葛丝莉曾经抱怨："以前我主动和我老公说话的时候，他总是不回应我，像个白痴一样，这让我感到很挫败，也很生气，似乎他根本就不重视我。现在我知道了，那个时候他只是深入思考。几年前，如果我请他帮忙倒垃圾，他一定会说'滚开'，最后我只能亲自上阵，并且大声提醒他一年之中有多少天忘记倒垃圾了。现在，我通过观察男女之间的差异，明白在他心里一定觉得垃圾还不是该倒掉的时候。现在，我觉得他坐在椅子上安静地看杂志，要比我不停地催促他倒垃圾要好得多。"

葛丝莉通过与丈夫几年的相处，体会到了男女之间的不同，最终明白了："男人对质问的反应都是直接的，因为他们的属性就是'直截了当'，但是女人却恰恰相反；女人天生就是细腻敏感的，她们喜欢探索，会通过迂回的方式达到同样的目标。"

一个朋友讲述了她与丈夫查理的故事。有一天，丈夫问她："你那个正在办离婚的朋友艾伦，最近怎么样？"她回答："不错。"接着，她联想到了自己的婚姻，便追问查理，是否后悔结婚，如果现在他们没结婚会不会更好一些，身材更苗条一些，或者假使晚一点儿结婚是否会对孩子产生不同的影响。说到这里，查理不得不打断妻子，并质问她到底是什么意思。显然，查理并没有想到妻子为什么会提出这些莫名其妙的问题。然而在妻子心中，刚才的对话却有不同的解读。她会认为丈夫根本就不在意自己，也从未关心过自己。

然而，事情并没有结束。有一天，查理目光呆滞地问："这究竟是怎么了？"妻子反问道："如果你不关心我，那你关心什么？"查理回答道："我会留意家里杜鹃花要用什么肥料才好，以及和车厂约定更换机油的时间，还有公司内部库存货的清单。"至此，妻子再一次觉得自己没有受到重视，便哭着跑出去了。

巴纳姆先生说："婚姻中的许多冲突来自女人不理解这样一点：为什么丈夫许多时候会忽略自己的存在？然而，如果妻子们能够意识到并宽容这一点，然后坦然接受事实，就会避免发生许多不愉快的事。"但是，这并不意味着女人就是错的，恰恰能说明女人的心思太细腻，太缺乏安全感。

此外，男人和女人的差异还表现在对生命中重要事物的态度。对男人来说，在他的生命中也存在着十分重要并且美好的事物，并希望能够永远拥有这些事物；但是他们从不认为这是自己生命的全部，更不会受此牵绊。比如，男人虽然很爱妻子，但是仍旧会花几个小时专注于某件事，完全不受妻子的影响，仿佛她不存在一般。当然，这并不意味着背叛，而仅仅是一种无意识的行为。女人却不相同，她们的爱是彻底的，会把丈夫当作生命的全部，这份爱会时刻影响着她们的思想和判断。

之所以这样说，并不是为男人辩护，让他们不履行自己应该尽的责任；而是让女人明白，丈夫并不是不关心她们，只是没有表现出关爱而已。因此，女人为了家庭的幸福，应该宽容、大度一些，让丈夫可以有一点儿私人时间处理自己喜欢的事情。我相信，当女人做到这一点的时候，她会得到意想不到的收获。

承认并且接受男人和女人之间的差距，不仅让男人放松身心，女人也会因此受益，获得更多幸福感。正所谓，男人和女人来自不同的星球，意识到彼此之间的差异性，才能理解对方，成全自己。

　　每一对伴侣都希望获得幸福，快乐地度过相互陪伴的日子。为此，学会宽容、大度地处理夫妻间的矛盾与隔阂，自然容易将一切烦恼和差异都抛到脑后，然后与另一半无忧无虑、轻松愉快地生活。

如果爱，请深爱

爱情就像维持人体活动所需的粮食，情感世界里只有依靠它才能幸福、快乐。对女人来说，如果没有了爱，心灵也就像花儿一样枯萎了。心理学家高登·W. 沃尔波特说："一个普通人所能说的最正确的话，就是他从来不会觉得，他的爱或是别人给他的爱已经使他满足了。"

爱在人类社会的潜力，就好像太阳的能量一样是无限的。女人给丈夫的爱是丈夫奋斗的动力，也是丈夫成功的要素之一。爱情不仅是夫妻两个人之间的事情，也会影响到孩子。

研究发现，缺少爱的滋润是许多孩子犯罪的一个重要原因。婚姻生活中，除了与丈夫的爱，女人还要注意对孩子的爱，并处理好与其他家庭成员的关系。在这方面的建议，我们归纳出了以下几点。

1. 对每一件小事，都表示谢意

"谢谢"是一个美丽的词语，能给人带来愉悦的心情。有时候，丈夫从妻子的口中听到这句话，会感觉非常满足。结婚以后，男人带着妻子去电影院消遣，然后送给妻子一束紫罗兰；或者每天早上帮妻子倒垃圾，做早餐等等，都希望能在妻子那里得到奖赏和感谢。

如果女人把这些当作是理所当然的事情，忽视对丈夫表达谢意、给予回馈，那么时间长了势必会打消对方的积极性，甚至影响彼此原本亲密的关系。因为得不到妻子的肯定，丈夫往往会停止取悦妻子的行为，起码不如以前那么上心了。因此，女人在日常生活中对任何小事都能表示谢意，不仅仅是给予丈夫肯定，也是沟通、交流的机会，提升爱情高度的重要方式。

2. 每天都要表现出爱心

许多女性朋友非常出色，但是在日常生活中却不懂得对丈夫表达爱意，这是非常可悲的一件事。路易斯·M. 特尔曼博士研究发现，男人认为在造成婚姻不幸的最普遍原因里，妻子不懂得表达爱是第二大原因。大部分女人希望得到丈夫的赞美，但是同样，妻子也应该主动赞美丈夫。

渴望得到赞美，并不是女人的特权，也是男人的心理需要。在婚姻领域最具影响力的专家德洛西·狄克斯说："女人们总是抱怨，丈夫把妻子的存在看作理所当然，从来不主动赞美，也不注意她们身上穿的衣服，或是给她们任何爱的表示。另一方面，这些女人对待丈夫的态度也冷淡，并对一个问题感到奇怪——为什么丈夫会追求那些称赞他们英俊、雄伟、健壮与奇妙的迷人女人。爱情的饥渴并不是女性专有的疾病，男人也会患上这种病。"因此，聪明的女人要学会每天将爱表现出来，尤其不能对丈夫吝啬。

3. 看淡得失，拥有更多快乐

生活中，夫妻之间难免会因为一点儿小事而争吵，如果处置不当，最后只能是两败俱伤。对女人来说，在婚姻关系中，如果过分追求细节，苛求丈夫做到最好，往往激化双方的矛盾，导致无法收场。其实，面对隔阂与争吵，首先要保持冷静，以平和的心态接受眼前的事实，别把小事弄得天翻地覆。女人比较感性，也容易情绪化，所以尤其需要警惕自己的过激行为。

事实上，双方已经是这个世界上最亲密的人，有什么问题不能坐下来协商解决呢？把事情看开一点儿，多替对方着想，自然容易找到解决问题、化解矛盾的良策。最重要的是，夫妻关系本来就需要谦让和付出，能够隐忍自己的不悦而满足对方的诉求，这样就加深夫妻之间的情感。而且，妻子的付出也会得到对方的积极回应，最终双方会弥合分歧，收获幸福与甜蜜。

爱不是束缚，请给予对方自由

每个人都向往自由，婚姻围城里的人也不例外。男人希望抛开繁忙的工作，可以有时间发展自己的兴趣爱好，女人也想有许多独自相处的时间。所以，即便一起生活，对另一半有更多依赖，也要理解对方这种愿望，并懂得给予相应的自由空间。

对女性朋友来说，这一点显得尤其重要。爱对方，既要牢牢抓住不放手，也要给他自由。不要以女性的标准来要求男性，正如亨利·詹姆斯所说："和别人相处要学习的第一课，就是别干涉他人寻找快乐的特殊方式，如果这些方式并没有对我们产生强烈妨碍的话。"

狄斯累利的婚姻是非常商业化的，他自己也承认这一点："我从来没有想过要为爱情而结婚。"而现实也恰恰如此，他娶了一位非常有钱的寡妇——玛丽·安妮，对方比他大 15 岁，已经年过半百，并且还不具备智慧的头脑。谈话的时候，她总是错误百出，显示出其在文学和历史知识方面的贫乏。显然，狄斯累利结婚不是因为爱情，玛丽·安妮对此也很清楚，可是她并没有将这件事说出来，也没有拒绝狄斯累利。当然，她还是提出了一个要求：狄斯累利等她一年，这样她可以观察对方的人品。一年之后，她果然嫁给了狄斯累利。

虽然在生活方面并不优秀，但是在处理婚姻关系、对待男人这件事上，玛丽·安妮却是一个天才。当狄斯累利在外面工作一天，精疲力竭地回到家后，妻子从来不会追着问他工作上的问题，而是会讲一些家常事让狄斯累利放松。晚上，狄斯累利从众议院匆匆忙忙赶回家，他会把今天发生的新闻告诉玛丽·安妮，她对有些事情虽然不太明白，可是从来都不感到厌烦，会静静地、专注地听狄斯累利讲完。渐渐地，狄斯累利开始依赖这个家，依赖这个善解人意的妻子。可以说，狄斯累利找到了一个身心都能放松的港湾，并喜欢和年长的妻子共处的日子，这甚至成为他一辈子最快乐的时光。

在生活中，玛丽·安妮尽量尊重狄斯累利，给他最大的自由和支持。虽然他们不是因为爱情而结婚，但是玛丽却成为他的亲信，他的顾问，他的女神。狄斯累利经常说，玛丽是这辈子最重要的人，玛丽也会和朋友们说："我的生活成了永不谢幕的喜剧。"他们之间有时会开一个小玩笑，狄斯累利说："你知道的，我只是为了你的金钱才和你结婚的。"这时，玛丽则会笑着回道："确实不错。但如果你再从头开始的话，就会因为爱情而和我结婚，是不是?"狄斯累利微笑着承认了。

因为玛丽·安妮的体贴，原本并没有爱情的婚姻变得如此美好，这让我们明白：如果想让家庭生活幸福快乐，就要懂得给对方留住自由空间，这份体贴只会拉近彼此的距离，而不会让双方形同路人。生活中有许多婚姻中发生矛盾的例子，他们只想把对方紧紧地抓在自己手中，唯恐这段婚姻不保；结果，一方抓得越紧，另一方就越想逃离，最后事与愿违。

显然，在生活中培养丈夫找到工作以外的爱好，也是给他自由的一种表现。这样男人不仅乐在其中，女人也会受益。最重要的是，双方都要互相尊重、信任、理解。女人如果能牢记这个准则，而不是任性做出一些过激的事情，婚姻自然容易始终甜蜜如一。

漫长的婚姻生活确实考验人的耐性，所以在甜蜜的夫妻生活之外，妻子必须给丈夫一点儿自由空间。这一张一弛的艺术，恰恰是夫妻相处之道的精髓。

当然，也不能一味地纵容丈夫将大部分精力放到某种爱好上。心理学家提醒女人，当男人将自己的大部分时间放到爱好上，而忽视本职工作时，就应该注意了，男人正在利用爱好来逃避工作，想必他在工作中一定遇到了什么困难，所以才提不起兴趣。如果这种事情发生了，那么妻子要帮助丈夫找到问题所在，帮助丈夫恢复对工作的热情。

　　在此，衷心希望女人能做到这一点：某个周末，如果丈夫要出去打篮球，或者和一群男人玩纸牌，那么请不要阻止他，并且还要尽心促成这些事情。如此一来，你就成了最聪明的女人，而男人也会感谢你的好意，并以愉快、平静、轻松的心情回到妻子旁边。一个快乐幸福的男人，一定会比一个怕太太、受骚扰与遇挫折的男人工作得更好，而且更有希望获得成功。

放弃一个不爱你的人

失恋只有两种可能，要么你爱她、她不爱你，或者相反。那么，当你爱的人不再爱你，或者从来没爱过你时，你没有遗憾，因为你失去的只是一个不爱你的人。因此，在爱情世界里该放手时就放手。

放弃一个不爱你的人是对自己的一种解脱，放弃只是这个不幸故事的结束，而也是另一个幸福故事的开头。去继续追寻一个两情相悦的异性，努力发展自己的事业，让自己有所成就。

没有谁不喜欢爱情，不想得到爱情。一份珍贵的爱情甚至可以让人们抛弃一切，白娘子为了得到许仙的爱情宁愿被压在雷峰塔下，正所谓"生命诚可贵，爱情价更高。"

但是我们应该懂得，爱情不是一厢情愿的，爱情不是一个人的事情，强扭的瓜不甜，勉强得来的"爱情"是不会幸福的。所以，当遇到一个自己喜欢的人，首先要做的是，向对方表白，如果对方对你没有感觉，对你的努力视而不见，那么接下来要做的就是放手，继续深陷下去，痛苦的将是自己。

每个人都要明白一点，爱情不是生活的全部，爱情不是世界的唯一，除了爱情，还有很多事情要做，没了爱情，生活还得继续。

今年刚毕业的李然是一个活泼开朗的女孩子，可最近她忧心忡忡，总是眉头紧锁，原来她是为情所困，卷入了一场爱的旋涡里。她爱上了比她大两岁的陈果，可是陈果并不爱李然，因为他的心里装着另一个叫莉的女孩，而李然却不知道陈果的心事，她仍然痴痴地爱着陈果，梦想着用自己的真爱来感化对方。可是，陈果始终不为所动。

很多寂静的夜晚，李然都以泪洗面，默默地想念着心爱的男子，即使对方不爱她，她仍然愿意继续自己的这种单相思。在情感的折磨下，李然不到一个月的时间就消瘦了一圈，真是"为伊消得人憔悴"。

一个不爱你的人，爱上他，像一场赌博，你不停地等，不停地投入自己的感情和时间，只为了赌一个无法预知的未来。这样的感情，来得不易，守住更难，爱得辛苦，恨得无助，不如放手。

对于一个不爱你的人，可以站在远处欣赏，因为你付出不论多少，都没有太大价值和意义的，而对你只是一种潜在的伤害。就像你把花送给一个不爱花的人，对花来说是一种糟蹋，而对不爱花的人来说也是一种负担，对方不会因此而感激你、爱你，因为当手里拿着花的时候，他就再也不能去拿别的喜欢的东西了。

你要永远相信，世界这么大，终会有一个人爱你，而你也会爱他，不管你贫穷、衰老、疾病，他都不会离去。每个人都是特别的，有一种与众不同的美，许多时候，缺少的只是发现，不要把自己的爱塞给不爱你的人。

爱情是一生的事情，需要两个人完成，只有两个心里有爱的人才能牵手穿越尘世的风雨，一起走向爱的地久天长。放弃不爱自己的人，这是一种解脱，获得享受快乐的自由，应该感到庆幸，而不应该去悲伤。

1. 真正的爱不需要勉强

爱，不是自己的强求不来，属于自己的别人永远无法拿走。如果两个人合不来，应该进行理性判断：对方也许真的不适合你，也许做你的朋友更合适。也许在放弃后你会更加洒脱，潇洒地走出迷惑的情感世界，到一片宽广的蓝天下自由呼吸。

2. 可以不爱，但别伤害

当对方不爱你的时候，一定要祝福对方。有了爱，便不该有恨。爱是美好的，恨却是丑陋的。何必让生命中最美好的东西化作丑恶？也许你觉得这个世界不公平，但是感情这件事没有对错、是非之分。无论何时，永远保持一份善良，坚持做到感恩，就会心境平和，开心地迎接真正属于自己的另一半。

在婚姻里，不要翻旧账

每个人来到世间，都像一张白纸，任由岁月这支笔在上面随意地涂鸦，纵然今天的你已经不是过去的样子，但是所做过的一切都已经不能被抹去了，我们只能不回头地走下去。

岁月里留下的痕迹，有些已经被埋藏在记忆的深处，有些却恍如昨日般历历在目。犹如婚姻，昨日还是山盟海誓的爱情，今天就已经是血浓于水的亲情了。曾国藩曾经写过这样一副对联激励自己："昨日种种譬如昨日死，今日种种譬如今日生。"这副对联意在告诫自己不要执着于过去患得患失，要将精力放在眼前，毕竟每一天的太阳都是崭新的。

同样的道理也十分适合婚姻生活，在结婚证上盖上了钢印之后，可以说就已经与单身时候的恩怨情仇一刀两断了，从此之后夫妻就是一个同进退共荣辱的共同体。

爱情拥有一种让人患得患失的魅力，基于爱情所做的一切没有什么应不应该，值不值得，只有愿不愿意。但婚姻关系不是口头的抽象的爱情，而是一种更理性的契约关系，两人无论从感性角度还是理性角度考虑都要对对方保证忠诚、信任和尊重。一种新的关系，带来的也就是一种新生活的开始，那么这一刻起之前的生活都只能成为过去，无论做过多么过分的事情，都应该得到彼此的宽容和谅解，而不是作为日后互相伤害的筹码。

在婚姻生活中要学会宽容，双方要学会有选择地遗忘对方的过错，懂得有原则地原谅对方的错误。这样的忘记和原谅，不是让谁委屈自己，而是要记住教训，忘记伤痛，不要把过去的错误一直挂在嘴边，而威胁彼此的未来。

痛苦要学会忘记，教训要懂得总结，频繁翻旧账就是对对方的不信任和不尊重。古人说，人非圣贤，孰能无过，过而能改，善莫大焉。如果是一些无关紧要的问题，比如不喜欢做家务，和哥们聚会回来晚了，必要的提醒是妻子的责任。如果是较大的问题，在吸取了教训之后，要学会防患于未然，而不是一遍一遍地揭开旧伤疤，因为这样做，对方痛自己更痛。

所以说婚姻中的人，记性不要太好，该忘掉的就把它忘掉。况且现在夫妻们吵架，大多是因为一些生活琐事，顶了天也不过是子女的教育问题。把这些不愉快埋藏在心底发酵，等到双方一吵架就"兜老底"、"揭伤疤""新账旧账"一起算，不就等于往伤口上撒盐吗？如此夫妻间的矛盾势必会被激化，后果不堪设想。夫妻间吵架，最好就事论事，以理服人，绝不能"旁征博引"，更不能搞"秋后算账"。不翻旧账，就要懂得遗忘，同时做好以下几点：

① 理智面对问题，懂得有意忘却，不让"问题记忆"重复。

② 不要将"恨的注意力"转移到其他方面，不要借题发挥。生气时，不妨从"恨的联想"转移到往日的恩爱，改变对对方的态度。

③ 就事论事的同时，多想一想对方的长处，克制自己。

④ 学会沉默应对，不说话就不会提起过去曾经有过的错误，因为一时冲动的话是最伤人的。

每次翻旧账都是一场伤害，而且这种伤害不会随着时间的流逝而越变越淡，而是因为不断被刻意地提起，变成彼此心中永远不可触摸的痛处。所以要学着忘记，学着放下，学着克制自己不翻旧账。

第八章

通往职场的心路：让不顺心的工作更加顺畅

勇于承担责任更能赢得人心

身为领导者，容许下属偶尔犯错误，如果替下属承担错误，领导者的宽容不会纵容他们，反而会激发他们的潜能。反之，如果领导者不断抱怨，往往会让下属局促不安，甚至会错上加错，大大降低主观能动性。

基辛格不是明星，但是风头一度胜过明星。他在美国外交史上留下了非常浓重的一笔，无论走到哪里都会受到年轻人的追捧，被视为偶像。

外交的成功，离不开基辛格巨大的人格魅力。曾经与他共事的一位助手说："他为人非常和蔼，从来不会轻易发怒，即便下属犯了很大的错误，他也总会给出合理的引导，让他们从失败的阴影中走出来。"

在担任美国国务卿期间，基辛格的日程安排十分紧密，可谓日理万机，生活和工作的节奏十分紧张。自然，他的秘书也非常辛苦，除了吃饭的时间，一大早就起来忙碌，直到深夜才停下来。

有一次，基辛格让秘书下班之前准备好第二天的会议报告，并且在开会之前交给他。当时，秘书早已疲惫不堪，把这件事忘得一干二净。到了第二天开会的时候，基辛格向秘书索要会议报告，秘书才发现自己的失误。

那是一个非常重要的会议，这种失误可谓十分严重。秘书低头不敢看基辛格，心想："这次祸闯大了，自己一定会被开除的。"当基辛格开完会回到办公室时，这位秘书羞愧地递上了辞职书。

出乎所有人意料，基辛格并没有发怒，而是有些吃惊地说："不要一犯错误就想到辞职，人都会犯错的嘛，如果人人都和你一样，那不如待在家里算了。"

接着，他当着秘书的面将辞职申请扔进了垃圾桶，并说道："我允许我的部下犯错误，但是要从中吸取教训，同样的错误不能犯两次。"这句话影响了秘书一生。

要求下属完美无缺很不现实，因为首先领导者不是完美无缺的上司。适当地允许下属犯错，不要急于责备，让他们自己发现错误并加以改正，往往比上司指出错误让下属去改正效果更好。与其盯住下属的小毛病，不如帮他们总结经验教训，避免下次犯错。

中层领导，必须学会忍耐。不只是对上司忍耐，更要忍耐下属的种种失误。中层领导者在一次次忍耐中获得上司的认同，在一次次忍耐中取得下属的信任，才能与团队融合在一起。

在职场中，有时候对员工的管理往往比斥责更有效。通常，除了对下属的表现适时地赞美，还要关注下属是否遇到了困难，并及时地提供帮助。此外，竞聘，鼓励下属大胆尝试，都是激发个体潜能的有效方式。

懂得感谢和分享

有的人说胜不骄败不馁，有底气，够大气，其实这样还不够，真正沉得住气的人，从来不会被突如其来的荣耀冲昏头脑，更难得的是他们乐于与他人一起分享功劳和胜利果实。因为蛋糕是大家一起做出来的，作为集体智慧的集大成者，自己在享受劳动成果的时候，不忘别人的辛劳，这是做人的本分。名人在上台领奖，发表获奖感言的时候，都会感谢公司，感谢身后的团队，感谢那些默默付出的工作者，别以为这是华而不实的陈词滥调，不值得效仿，其实这恰恰是该认真学习和揣摩的事情。

如果你取得了一点儿小小的成绩，在表彰会上受到了特别的表扬，得到了丰厚的奖赏，你会怎么做呢？是一个人独享荣耀，还是跟大家一起分享成功的喜悦？不成熟的人会想当然地认为，能有今天的成就，全靠自己一个人默默地努力和奋斗，与别人有何相干呢？别人有什么资格跟自己分享功劳？而真正有气度的人则会像站在领奖台上的名人那样，当场发表一些肺腑感言，感谢上司的指导、提拔，感谢公司的栽培，感谢同事对自己的支持以及平时的配合，这样做不是为了完成某个例行形式或者收买人心，而是为了消除隔阂，确保日后与他人能够更加融洽地相处。

其实，任何一次成功，任何一次成就的取得，都是集体智慧的结晶，最后总有某个表现突出的人成了最大的受益者，那个人可能就是你。当你赢得鲜花和掌声的时候，请记住，你的功劳里也包含了别人的辛劳和心血，你自己吃蛋糕的时候，也要让人闻着香。你若意识不到这一点，就会与所有帮助过你、支持过你的人产生无法弥补的隔阂，以后彼此会变得越来越生疏，别人还有可能对你产生隐隐的敌意。

试想一下假如公司上下一起参与了一个项目，唯有你受到了老板的嘉奖，你欣然领受所有的赞美和犒赏，忘记了上司对你的点拨，忘记了同事在分工合作中所做出的贡献，忘记了你背后的团队夜以继日奋战的事实，公司上下会怎么看你呢？

丁悦由于业绩突出，在年会上受到了特别的表彰，提起一年来的表现，老板对他几乎用尽了溢美之词，说他年轻有为，敢想敢干，给公司做出了巨大贡献，假如每个员工都像他那样能干，那么公司的发展必定能蒸蒸日上。总之，丁悦是个不可多得的人才，有了他这样的左膀右臂，任何一个老板都会省心。

热烈表彰之后，老板当着全体员工的面给丁悦颁发了巨额奖金，还给他另外发了一个大红包。在大会上，主持人用热情洋溢的语调请他谈谈工作心得。他接过话筒，说自己作为一个新人，为了熟悉业务，每天都在学习知识、积累经验，一年来吃了不少苦头，从一个最基层的员工，一步一步地走到了今天这个位置，能有今天的成就，都是自己默默耕耘的结果，接近尾声时，他慷慨激昂地说："如果你想脱颖而出就必须靠自己，任何人对你的帮助都是有限的，不要幻想着别人会助你一臂之力，不要对别人抱有太多期待，你唯一能依靠的就是你自己。当你真正成长起来的时候，回顾往昔所走过的路程，想起当年每一步走得是多么艰辛，如今所有的苦涩都化作了甜蜜，所有辛苦的付出都有了超值的回报，你会发自内心地感受到，一切都是值得的，你会由衷地敬佩自己、感激自己，甚至想向全世界宣布'我做到了'。"

说到动情处，丁悦激动得热泪盈眶。可是台下的人听了这番话全都感觉不是滋味。上司心想：没有我的提拔，丁悦这个新手就算有天大的能耐，也不可能在短短的一年内获得如此突飞猛进的进步，更不要说从一线员工升格为高级销售助理了，他居然说任何人的帮助都是有限的，一切全靠他自己，真是太自以为是，太狂妄了。老员工心想：他只知道钦佩自己、感激自己，却忘记了他刚来公司的时候什么也不懂，还不是我们这群老人手把手地把他带起来的，现在他翅膀硬了，自己能飞了，就把大家全忘了。

大会结束后，丁悦一个人悄无声息地走了，既没有跟大家打招呼，也没有提议一起出去庆祝一下。大家嘴上不说什么，心里却极为不舒服。从此上司总是有意无意地刁难他，同事也慢慢跟他疏远了，工作上故意与他为难，很快他就变成了孤家寡人。他脸上的笑容消失了，取而代之的是一脸怨恨之色，苦熬了一年之后，他实在在公司里待不下去了，只好带着满心的怨愤黯然离开。

当你春风得意时，要学会谦卑，懂得感谢和分享，千万不能一个人独揽荣誉和功劳，因为那样做，会让你在最短的时间内失去人心。要知道你站得更高，走得更远，往往意味着迅速拉大与别人的距离，如果你过于高傲、过于自我，看不到别人对你的友好帮助，否认别人的默默付出，只是一味强调自身的价值和贡献，自然会引起公愤。没有了众人的支持和拥护，即便你有再大的能量，也不可能永远绽放光芒。等到你被整个团队所弃，那么离失败也就不远了。

谦逊是一种职场"交心"手段

在现代职场中，那些谦逊低调的人往往更受大家的欢迎，拥有不错的人缘。而那些自高自大，行事高调的人往往就不会如此受欢迎，他们身边的朋友也寥寥无几。

其实，与人打交道，为人谦逊低调，也是一种"交心"手段。谦逊低调，会给人一种很亲切的感觉。谦逊低调，是对他人的一种尊重，懂得谦卑的人，也必定会得到对方的尊重，给对方留下一个好印象。

张宇所在公司要进行人事变动，要求每个部门选出一个助理协助部门主管工作。本着公平、公正的原则，张宇工作的部门要求每个人都要进行竞聘，通过发言的方式为自己拉票。

张宇先向几个面试主管深深地鞠了一个躬，然后说道："我自己学历不高，经验不足，对于助理这份工作还有很多不是很清楚的地方。如果最终能够当上助理，我一定会好好弥补自己身上的不足，主动向大家去请教和学习，争取能够成为主管身边的左膀右臂。"

几位主管对张宇的表现相当满意，他们认为，张宇虽然学历不高，但是没有高高在上的感觉，让人觉得容易沟通。他能主动展示自己的缺陷，向同事请教问题，且做事谦逊有礼，公司正需要这样的人才。

最终，张宇当上了助理。随后，他仍然会在大家面前坦诚自己的不足，仍然会向大家请教。这份谦逊和低调帮他赢得了同事和领导的好感。

谦逊低调是一种智慧，是一种以退为进的策略。在职场中，懂得低调做人更容易被接纳，也是与人"交心"的手段。从心理学角度来看，没有人喜欢我行我素、不知天高地厚的人。修炼低调为人的智慧，需要做到以下几点：

1. 态度谦逊低调

与人交往，时刻保持谦逊低调的态度，用平和的心态对待周围的人和事，无疑会得到人们的尊重，受到人们的欢迎。

2. 语言谦逊低调

为人处世，说话时应该谦逊有礼，说话要有分寸。得意时，不要高调宣传，不要处处表现自己，否则会招来对方的妒忌。更加谦卑，才会受到他人的尊重，与他人保持人际关系的和谐。

3. 行动谦逊低调

行为上的谦逊低调，要求我们多聆听他人的意见和想法，不要自以为是；要求我们多看自己的缺点，不断改正和完善自己。

储蓄人情才能收获人心

司马迁说，"天下熙熙，皆为利来；天下攘攘，皆为利往"。

职场中存在太多的利益纠葛，一些人得势总会伴随着某些人的失势。失意时往往更能促使我们心明几净，了然于胸其中的利害关系。

如果有人雪中送炭，不管是曾经的下属所表现出的不忘旧主，还是上司的同情、慨叹抑或鼓励，对失意者来说都是冷风中难得的一丝温暖。这样的温暖也容易让他们铭记在心，等到他们再战出成绩的时候，滴水之恩自当源泉相报。

马涛大学毕业后到一家公司工作，因为工作出色，不久后便在公司里担任业务骨干。他很努力，梦想成为公司销售部的主管，但是却始终没有晋升。几年后，公司调来一位副总，成为马涛的直接上司。

随后，马涛把自己的前程寄托在了这位副总身上。工作上，事无巨细，他都向副总汇报、请示；生活中，每逢过年过节，也会带上丰厚的礼品到副总家里拜访。当然，副总对马涛也照顾有加。

眼看自己就要晋升了，马涛却遇到了一件意想不到的事。原来，副总几年前曾主管一个项目，当时资金管理比较混乱，不知哪位好事者向总公司反映了这一情况，便东窗事发。随后，副总被公司调到了冷清的研发部门。明眼人都看得出来，副总恐怕再也没有翻身的机会了。

研发部门是一个清水衙门，加上以前的同事都对自己冷眼相看，成为主管的副总不由得慨叹人心莫测和世态炎凉。曾经的副总的心境低落到了极点的时候，马涛却在节假日照常前来拜访。这不仅让曾经的副总深感意外："虽然我名义上是个研发部的主管，但是，你也知道我已经没有任何实权了……"

听着昔日上司伤感的话语，马涛说："我并不是来求您办事的，只是我认为福祸相依，眼下您认为的坏事也有可能变成好事啊。既然公司已经把您调到了研发部，您完全可以借着这个机会大搞研发，听说您以前可是咱们公司的顶尖专家啊！"

显然，对方被马涛的话感动了，自从没有实权之后，根本没有人这样安慰过他。这位曾经的副总很受鼓舞，他决定要在研发部门闯出一番天地来。半年后，他牵头的一个科研项目取得了重大突破，并获得省级技术进步奖，被公司评为科技进步标兵。

不久，从公司的监察部门传来消息，这位副总当年负责的工程账目已经理清，并没有任何经济上的问题。最后，公司董事会决定，副总官复原职，又回到了原来的工作岗位上。副总晋升后，进行了一番重大的人事调整，马涛被任命为销售部的主管。

种瓜得瓜，种豆得豆。有条件时种下人情种子，那么相应地也能够收获一份人情。日后，用这份人情可做大事小事，可救命可解难。职场上，进行人情投资是很有必要的。为此，我们应做好以下几点：

1. 世事变化无常，是庙都要烧香

一般人烧香都要到最为鼎盛的庙宇，冷庙往往无人问津。然而，世事变化无常，今天的红人有可能在明天失势，今天的凡夫俗子也可能在明天发达。所以，只要对方是一尊庙神就应该去拜拜，从而为你的日后多留一项选择。

2. 给冷庙烧香事半功倍

冷庙的神灵平时受冷落，你的一炷香就会让对方心存感激，日后得到丰厚的回报。特别是当着冷庙变成热庙的时候，对方还会想起曾经的你，即使再忙也不会忘了你。这种低投资高回报的事情，为什么不做呢？

3. 太势利的人没有好人缘

一个人发达的时候，大家都去锦上添花，这并不稀奇。可贵的是，昔日的红人落难了，你还惦记着他，帮助他。这种仗义的举动不但让当事人感动，也会让大家知道你不是一个势利的人。这样一来，不但冷庙的那尊神感激你，身边的人也会认同你。

远离谈论隐私的人及各种话题

放纵自己的欲望是最大的祸害，谈论别人的隐私是最大的罪恶，不知自己的过失是最大的病痛。

隐私，顾名思义，隐蔽、不公开的私事。在汉语中，"隐"字的主要含义是隐避、隐藏，《荀子·王制》中曰："故近者不隐其能，远者不疾其劳。"引申为不公开之意。"私"字的主要含义是个人的、自己的，秘密、不公开，《诗·小雅·大田》中曰："雨我公田，遂及我私。"隐私即指个人的不愿公开的私事或秘密。

既然隐私是个人的，隐蔽而又不愿公开的，那么，在对待隐私的问题上，无论是自己的还是别人的，至少应该做到两点，一是尊重，二是保密。尊重别人的隐私，就是对别人最基本的尊重，毕竟谁都不愿意赤裸裸地在众目睽睽之下生活。

而保密是一个人的基本素质，如果你不小心知道了别人的某些隐私，或者出于信任，他人告诉你一些隐私，那么，应该坚决保密，而不是像传话筒一样，唯恐天下不知。

喜欢谈论别人隐私，是一种普遍的社会心理现象。尤其是某些媒体、网站、出版物，爆料明星的隐私生活，吸引大众眼球，获取经济利益。而普通大众往往喜欢通过谈论他人隐私，显示自己的能力和满足自己的虚荣心。

小赵是一个喜欢谈论别人隐私的人，学校里无论大事小情，甚至全国上下发生的事情，他谈起来头头是道。甚至在自习室里见过一面的人，过一会儿就能打听到对方是哪个专业的、和谁谈过恋爱、和宿舍成员的关系等信息。

虽然表面上大家都叫他小记者，甚至说他不去当记者真是浪费了，但是实际上大家都不约而同地和他保持着距离，不敢和他多说话，甚至不敢多和他来往。

喜欢谈论别人隐私的人往往是不可靠的，不把别人的事情放在心上，认为别人的事情只是自己茶余饭后的谈资。既然今天可以对你说别人的隐私，那么他就敢明天在别人面前说你的坏话或者一些你自己都不知道的"隐私"。所以对于这样的人必须保持距离。

把逆境当作成长的机会

工作中遭遇挫折而一蹶不振，此后事业发展遭遇瓶颈，乃至一生碌碌无为，这样的情形并不少见。接触过许多人以后，可以发现那些有所成就的人都经历了逆境的打击和锤炼。也就是说，他们在逆境中学习、把握成长的机会，才反败为胜。

人这漫长的一生，遭遇逆境的时候很多——成绩退步，考试落榜，工作不保，家庭不和，亲人离世，惹病上身……关键是，无论遇到怎样的坎坷，都要坚定信念，所有的不幸都可能是你成长的契机。

作为地球上最高级的动物，人也是世界上最脆弱的动物。

在此，提醒那些在工作中遭遇挫折的人，别被眼前的困难吓倒，别在逆境中沉沦下去。达尔文说，"物竞天择，适者生存"，能够适应未来挑战的人，才能从眼前的困境中蹚过去，拥抱明日的成功。

一位医生正处在事业上升期，不料遭遇了一场车祸。接受了近半年的治疗，他的两条腿仍然被夹在木板间，无法动弹。期间，朋友们担心他会因受不了打击而一蹶不振。每次去医院探望的时候，大家都能看到他坚强的样子——虽然被病痛折磨，无法行走，却不停地做研究。伤愈出院时，他已经成功地完成了一项研究，并且因此闻名遐迩，再度成为一名优秀的医生。

今天，人们面临着越来越多的发展机会，工作中的挑战无所不在。

如果想在某一方面有所建树，甚至成为业内的专业人士，如果不付出艰辛的努力恐怕难以成功。在成长和发展的道路上，更要随时面对来自外界的考验、挑战，包括人际关系变化带来的考验。为了心中的梦想，为了家人的期望，这些又算得了什么呢？

第九章

通往成功的心路：奋斗是一场自我修行之旅

不努力，没人给你想要的生活

无论在工作的哪个阶段，无论何时，一定要相信自己的能力，并为此努力。在工作中，成功就是你比别人更用心，更能坚持。

有一个小主播只有 2000 个粉丝，每天直播 8 小时，为了得到打赏、被关注，最后累倒了。但是，她没有停下手中的工作，坚持应对每个粉丝的建议和提问。不到一年时间，她的粉丝涨到了 70 万。

大多数人都有这样的感触：看起来很努力，却没有进步；羡慕带货女王月入百万，又迟迟不采取行动。自己狠心拼命努力一把，结果坚持不了一周就放弃了，委屈地叫喊"宝宝心里苦"。仔细想一想，你看起来的努力都不及正常上班族的日常。

世界不曾亏欠每一个人努力的人。保持积极、奋进的工作情绪，通过不断努力收获梦想与财富，才能配得上更好的明天。

迈克尔·布隆伯格是"世界之都"纽约的管理者，他掌握着全世界最重要的财经信息，个人流动财富高达 200 多亿美元。这样的人生无法不令人羡慕与敬佩。

今天，因为对职位或工作不满而选择跳槽显得很轻松，许多人也习以为常。但是在 1946 年，当时在华尔街工作的人并不敢轻易跳槽。那时候，人们常常把自己的一生与一个公司紧密地联系在一起。布隆伯格从得到所罗门公司 offer 那一刻起，就把自己当作一个所罗门人看待了。

与其他贪求与众不同背景的大公司不同，所罗门看重的是业绩，公司里鼓励实干。布隆伯格对此感到很满意，认为这里最适合自己发展。

当时，布隆伯格坚信一点："进入一个投资银行公司，对非家族继承人来说，不是一件容易的事情，你会把它看成终生的职业，一直干下去，并最终成为一名合伙人。然后，在年纪很大时死在一次商务会议当中。"

26岁的时候，布隆伯格就成了公司的高级合伙人。他常常最晚下班，全身心投入自己热爱的工作，花费了大量时间和精力。当然，布隆伯格并没有因为努力工作而影响正常的生活。他坚信，自己努力越多，越能拥有自由富足的生活。

布隆伯格经常对别人说："你永远不可能完全控制自己身在何处，不能选择开始事业时的优势，当然更不能选择你的基因和智力水平，但是你却能控制自己工作的勤奋程度。"

布隆伯格一生坚守努力工作的信念，实现了人生梦想。无论你想拥有什么样的生活，必须为之努力奋斗。也许投入更多时间与精力并不能保证一定成功，但是不努力注定不会有收获。

任何工作都不会一帆风顺，有时候存在一分耕耘并不一定带来一分收获的情形。当你付出之后没有业绩时，不必充满挫败感，不必在情绪上低落。你还有时间和机会，继续努力、继续奋斗，在未来某个时刻，你的努力终将成就无可替代的自己。

这个世界是公平的，唯有真心付出才能有所收获。

勇敢打开虚掩的大门

　　哈佛心理学教授通过多年研究，发现了一个十分有趣的现象：人们在做某件事情之前，首先会进行某种心理暗示。

　　比如，将一块宽30厘米、长10米的木板放在地上，大多数人都能轻易从上面走过去；但是，如果把这块木板放在高空，几乎没有几个人敢迈步走在上面。这时，人们会在心中进行自我暗示：我会掉下去。于是，他们心生恐惧，担心自己真的会掉下去，即使真的有能力走过去，也会望而却步，放弃尝试的机会。

　　事实上，很多看似闯不过去的难关，只要全力以赴地往前冲，就可以成功迈过那道坎儿。成功需要不懈的努力，但是更需要有大胆尝试的勇气。

　　古希腊哲学家德谟克利特曾经说：在成功者的基因中，最关键的一点是敢于行动。这种能激发人热情的能量，可以减轻命运的打击。当一个人不惧困难、不怕强敌、一往无前地夺取胜利时，还有什么能够阻挡他前进呢？

　　有一个故事，帮助许多人改变了命运，令人受益匪浅。

　　一天，公司总经理对全体员工说："大家都避开八楼那个没挂门牌的房间，最好不要进去。"于是，所有员工都不敢走进那个房间，担心受到总经理的责罚。

　　几个月后，公司新来了一批员工，总经理对他们重复了上面的叮嘱。有个年轻人对此颇为好奇，但同事们劝他别鲁莽行动，只要干好自己的工作就行了。

最后，年轻人不顾同事们的劝告，一心想要知道那个房间有什么秘密。于是，他轻轻地敲了敲房门，没有人应答。随后，他轻轻一推，虚掩的门就打开了。只见房间里有一张桌子，桌子上有一张纸，上面用红笔写着："把纸牌送给总经理。"

年轻人疑惑地拿起沾满灰尘的纸，走了出来。这时，同事们开始为他担忧，劝他赶紧把纸放回去，并承诺替他保密。年轻人再次鼓了鼓勇气，直奔总经理的办公室。

当他把纸交上去以后，总经理面带微笑地宣布了一个令人震惊的消息："从现在起，你就是新任的销售部经理。"

年轻人疑惑地问："难道是因为我把这张纸拿给你了吗？"总经理自信地说："是的，我已经等了快半年了，相信你能胜任这份工作。"

后来，年轻人果然把销售部的工作干得有声有色。当别人仍旧感到疑惑的时候，总经理向众人解释道："这位年轻人不为条条框框所束缚，勇于打破禁区，这种素质正是销售人员应该具备的……"

很多时候，通往成功的门都是虚掩的。只要大胆敲开，并勇敢地走进去，很可能就会看到一片崭新的天地。

成功是实践的过程，是探索的成果。对于一些史无前例的事，多数人总是害怕失败而不敢去尝试。其实，只要你大胆地走上前就会发现，许多门都是虚掩着的。在这扇虚掩的门后面是一个全新的世界，只要你推开眼前的遮挡物，成功就会接踵而至。

太多人过着平淡无奇的生活，做任何事情都谨小慎微，虽然获得了安全感，却也丧失了领略更美风光的机会。在人生这条路上，能带给人安全感的只有奋斗。尤其是年轻人，不要轻易把梦想寄托在某个人身上，也不要太在乎周围人的闲言碎语，因为未来掌握在自己手里，只有勇气才能带给你真正想要的东西。

　　丘吉尔曾经说："如果你想成为一个真正的勇者，就应该振作起来，豁出全部的力量去行动，这时你的恐惧心理将会被勇猛果敢所取代。"困难就是一扇虚掩的门，消极等待的人永远没有出人头地的那一天，被动消极的人只会分得残羹剩饭。真正有梦想的勇者，会有足够的勇气推开那扇虚掩的门，不让它成为前进道路上的障碍。

可怕的不是距离，而是看不到距离

人与人之间的差距，取决于许多因素，眼界无疑是重要的一个方面。眼界高远的人有纵深感，能够看到长远的未来，给予当下科学的指导，从而为日后增加获胜的筹码。

在奋斗之路上，能够看到自己与他人的差距，并为之努力奋进，这样人无疑拥有宽广的眼界。可怕的不是距离，而是看不到距离，多少人失去了方向感，终日碌碌无为，消耗宝贵的时光。如果想实现财务自由、职业自由，一定要站得高、看得远。

当互联网还不景气的时候，易趣已经在中国占有了80%以上的市场份额。与此同时，美国的eBay用3000万美元收购了易趣三分之一的股份，并在一年后收购了易趣余下的全部股份。这一切都是为了布局中国市场，努力在市场竞争中处于领先地位。

对此，马云当然看在眼里。于是，他给刚刚起步的淘宝注资1亿元。这个做法遭到很多人的质疑。面对互联网寒冬，很多人已经放弃了电子商务业务，而马云坚持认为只要努力去做，就会有机会，即使有距离也并非遥不可及。

看到马云疯狂的举动，许多人认为这是一场"豪赌"。前面已经有强大的对手，马云没有选择无视，而是觉得应该拼一拼。当然，他有自己的理由。

马云注意到了，虽然eBay做得非常大，但是也有很多缺点，并不完善。虽然淘宝和eBay有很大差距，但是仍然存在赢的机会。马云说："如果eBay是大海里的鲨鱼，那么淘宝就是长江里的鳄鱼。鳄鱼在大海里与鲨鱼搏斗，结果可想而知，我们要把鲨鱼引到长江里来。"显然，这个有想法的男人要走一条和 eBay 不同的路线。

当时，eBay 坚持收费，但是马云并不急着收钱。他主张是先培养市场，把客户的满意度放在首位。除了看到与竞争对手差距，马云更善于分析竞争对手的强势和弱势，能够灵活地采取措施，杀对方一个措手不及。今天，淘宝已经是无人不知无人不晓的电子商务交易平台，而 eBay 早已是手下败将。2017 年，"双十一"天猫、淘宝总成交额达 1682 亿元。

狭路相逢勇者胜，有大格局的人不只看到双方的实力差距，还敢于亮剑，积极寻找合适的竞争策略反败为胜。马云没有被强大的对手吓住，他看到了与对手之间的距离，顶住压力逆势而上，不断接近梦想。虽然外界称之为"疯子""狂人"，但是马云不为所动，丝毫不在乎别人的说法和看法，他用行动证明了自己的誓言是正确的。

迈入"互联网+"时代，竞争愈演愈烈。一个人最可怕的是自足自满，沉迷于既有的成绩，看不到和别人的差距，更不要说认真参与竞争了。有大格局的人眼界宽广，能够看到自己的短板，发现竞争对手的优势，并通过行动悄然改变这一切。

正视与竞争对手的差距，并为此付诸努力，就可能变得和成功者一样优秀，甚至超过他们。差距是压力，也是动力。一位营销专家说，优秀的营销计划一定是针对某一个对手而进行。没有这样的竞争意识，必定走向失败。

在巨大的差距面前，许多人会丧失信心，乃至放弃行动。这样的人不会用发展的眼光看问题，也缺少自强不息的精神，结果听任命运的捉弄。有格局的人看到差距，但不会丧失行动的勇气。他们主动接受全新的考验，在直面挑战的过程中变得精明强干。

放宽眼界，看到与对手之间的距离，才能知道自己下一步该如何行动。感谢你的竞争对手，他们会令你跑得更快，实现快速成长。既有眼界，又有行动力，这样的人才能保持活力，获得持续精进的可能。向强大的对手宣战吧！不要躲在温室里，只有经历过风雨，才能绽放出最美的芬芳。一定要看清与对手的距离，看清与成功的距离，接下来你只管上路，奋起直追，时间会馈赠你应得的一切。

今日的眼界就是明天的格局，今日的计划就是五年后的生活状态。好好把握你手中的机会，做最好的自己，全力以赴才会有美好的未来。

别让过去的失败捆住你的手脚

成功是一场残酷的考验，需要具备耐心、行动力，即使遭遇失败也不能放弃。"有强大的意志，才能有强大的生活。"遭遇失败以后，弱者会选择消极退缩，而真正的强者永远不会放弃自己的梦想。

宝剑锋从磨砺出，梅花香自苦寒来，有梦想的人即使经历了一次次的失败，但他们的心永远是站着的，会将失败当成对自己的锻炼。一旦遇到了合适的机会，他们就会创造属于自己的奇迹，让世人为之侧目。

失败绝不会是致命的，除非你认输。真正的强者将失败当作一种投资。人犯错，那是最正常不过的了，成功都是人一步一步走过来的，路上的磕磕碰碰很正常。成功了是我们人生经验的一次积累；失败了，那也不丢人，谁没有过当"菜鸟"的经历呢？

苏菲亚是一个孤儿，很小的时候被亲生父母扔在了孤儿院门口。记忆中，她对这个世界从来都抱有挥之不去的恐惧感。她不敢和老师讲话，上课不敢发言，也不敢和其他小伙伴游戏，总是一个人默默地躲在墙角或者教室里。

父母的离弃给苏菲亚的心灵带来了极大的伤害，以致她对周围的人和事缺乏基本的信任感。而且，她十分自卑，认为自己是这个世界上最讨人厌的小孩。于是，缺乏安全感充斥着这个小女孩的内心。

这种恐惧的情绪一直跟随苏菲亚上了大学，那时她已经 19 岁了。看着同学积极地参加校园里的各种活动，她很羡慕，却始终没有勇气加入。老师注意到了苏菲亚孤僻胆小的性格，于是介绍她参加一个社团活动，那里缺少人手。苏菲亚一开始拒绝了，但是看到老师请求的眼神，便勉强答应了。

这是一个户外极限挑战的活动。同学们会尝试一些挑战个人身体极限或者心理极限的运动，比如海上蹦极、滑翔、攀岩、野外露营等。苏菲亚第一次站在蹦极台上的时候，感觉双腿完全失去了力量，开始往后退缩，但是所有的人都在鼓励她，还有同学先尝试了一下。

看到其他同学从台上纵身一跃，大叫着投入大海，苏菲亚感到十分震撼。她虽然仍旧有一丝恐惧，但是最终决定试试。苏菲亚紧闭双眼，双手交叉放于胸前，然后倏的一下跳了出去。本能的反应让她大喊起来，睁开双眼，立刻被眼前的情形惊呆了——景色是这么美丽，感觉自己在飞，心灵从来没有如此放松过。她打开双臂，甚至欢呼起来。

极限挑战活动结束后，同学和老师都为苏菲亚鼓掌，她开心地笑了。那一刻，她才体会到生活中原来有太多惊喜。自己还那么年轻，应该勇敢尝试，打破畏惧心理。

也许周围的人和事会影响你的判断，左右你的心情，但是永远不要让他人安排你的人生。青春就是一场探险，只有勇敢做自己，才能收获渴望已久的东西。即便在探险的过程中，你没能找到宝藏，但是仍旧会收获其他珍宝，比如友谊、勇气和回忆。

显然，害怕某些东西，是一种正常的心理。关键是，别让它长期控制你。人生只有一次，青春只有一次，不去勇敢尝试，永远无法成就非凡的自我。在输得起的年纪，活出人生精彩，青春才不会留下遗憾。

历史上的伟大人物都有共同的成功之处。失败其实并不重要，最重要的是失败之后是否仍有信心，是否能继续保持或者拥有清醒的头脑。像身处逆境的人一样，不必怨恨，想方设法摆脱困境，慢慢图谋东山再起的机会，直至成功。

主动适应无法避免的事实

荷兰首都阿姆斯特丹有一间 15 世纪的教堂废墟，上面写着这样一行字："事情是这样，就不会是别的样子。"既然已经成为现实，那就接受吧，而后再寻找改变的方法。唯有这么做，心中才会少一些抱怨，多一丝快乐。否则，长期的忧虑、过度的焦躁会影响身体健康，摧毁我们原本安逸的生活。

人们总是追求美好的结局，却忘了生活原本就充满了未知数。现实不是童话故事，没有那么多王子拯救公主的剧情，有些烦恼无法躲避，与其后悔、埋怨，还不如像大地承接雨露般欣然接受。面对无法避免的事实，只有主动适应才能减轻痛苦和伤害。

惠特曼写过这样一句诗："哦，要像树和动物一样，去面对黑暗、暴风雨、饥饿、愚弄、意外和挫折。"有些不幸发生了，这既是一种可怕的灾难，也是一次历练的机会。

事实上，生活从来不会停下脚步，不会在乎你是否快乐、幸福。最值得称赞的态度是接受眼前的一切，或许你会发现事情没有想象的那么糟糕。痛苦是可以忍受的，无须抱怨上帝不公平。哪怕现实不留下任何选择的余地，你也可以选择改变自己，从而减少内心的煎熬，活出另一个自我。

俄勒冈州的伊莉莎白·康黎在庆祝美军北非获胜的那天，得知侄子在战场上失踪了，感到无比悲伤。这个可怜的孩子是自己亲手带大的，在这个胜利的时刻却离去了，这不是上天的惩罚又是什么。

以前，康黎觉得生活充满了美好，自己热爱的工作、懂事的侄子……一切都是最好的安排，但是听到侄子战死的噩耗，他在瞬间就心理崩溃了，于是想辞去手上的工作，回到家乡。

清理桌子的时候，他发现了一封母亲过世后侄子寄来的信。打开信，上面是这样一段文字："当然，我们都会怀念你的母亲，尤其是你。不过，我知道你会支撑过去的，我永远也不会忘记你教会我的那些真理，永远都会记得你教我要微笑，不管发生什么都要坚强地活下去。任何时候，一个男子汉都会承受发生的一切不幸。"

读到这里，伊莉莎白·康黎突然感受到一种力量，自己曾经教导侄子要勇敢，要敢于面对残酷的现实，轮到自己怎么就退缩了呢？于是，他选择接受现实，并且要像侄子希望的那样好好活着。从那以后，他经常会给前方的士兵写信，因为他们也需要关怀；此外，他还积极参加感兴趣的活动，结交新朋友，日子过得有声有色。

许多时候，生活是善待我们的。享受它所赠予的一切，才会开心，变得从容不迫。遭遇挫折打击的时候，不妨微笑着面对，再苦再难也要开心，也要快乐。真正能够左右心情的不是环境，而是面对不同环境所做出的反应，是个人主观方面的判断。

哲学家威廉·詹姆斯曾说："要乐于承认事情就是如此。能够接受发生的事实，就能克服随之而来的任何不幸。"我们永远都改变不了现实，只能承认已经发生的这一切，而这恰恰是避免更多不幸的第一步。

选择逃避现实，会让人意志消沉，无法走出阴影，造成心理上的障碍。既然已经演出了一场悲剧，为什么还要让这种悲伤蔓延，摧毁更多的快乐和幸福呢？

人类能够战胜生活中的失败、挫折、惩罚，得益于强大的承受能力，以及驱散忧虑的智慧，因此接受一切才能改变一切。

当然，对于无法改变的现实，我们要接受，努力适应；但是，如果事情并没有定局，还有扭转的余地，哪怕只有一丝希望、一丝可能，我们也要奋力一搏，把损失降到最低。有了这种态度，忧虑就无法占领我们的心灵。

果断放弃眼前错误的道路

从心理学角度来讲，自控力的构成元素是多元化的，尤其是在面对抉择时，是否有勇气面对未知，是否有担当承受即将到来的结果，也是自控力的重要组成部分。一个人倘若连正视或面对自身错误的勇气都没有，又何谈自控力呢？

人非圣贤，孰能无过。犯错误并不可怕，只要能够认识到自己的错误并及时改正，就值得称赞。可怕的是，明知道自己错了，却因担心丢面子不承认，这样反而会招致别人的反感。

从小到大，王亮一直是优等生，老师的夸奖、同学的羡慕让他养成了高傲的性子。学生时代，他人缘就不太好，进入职场后，也同样陷入了被"孤立"的境地。因为心高气傲，王亮总是直接指出别人的错误，却无法忍受别人的质疑。

有一次，王亮计算的一组数据出现了纰漏，同事发现后指了出来，这一下子犯了王亮的"忌讳"，他不仅不肯承认错误，反而激动地说："你是不是嫉妒我工资比你高，故意找碴儿？你这种人我见多了，心理扭曲，公报私仇，简直不可理喻。"

公司里的其他同事也遭遇过这样的情形。时间一长，大家都对王亮敬而远之，没人愿意做他的工作搭档。在公司管理职位的选拔上，人事部门实行的是"领导考核＋员工投票"的制度。同事之间的关系这么僵，王亮的事业发展空间可想而知。

亡羊补牢，为时未晚。丢一只羊问题不大，只要及时发现问题出在羊圈上，修补羊圈，就能止损，避免丢失更多的羊。但是，如果不去检查羊圈或者发现羊圈有了漏洞也不修补，那么圈里的羊迟早会丢光。

人只有先认识到自己的错误，才能少犯错误。那么，当错误已经不可避免地发生时，应该怎样面对和处理呢？

1. 承认错误，并承担相应的损失

找理由推卸责任，耍心机把错误转嫁到他人身上，都是非常糟糕的做法。这样做不仅无法解决问题，反而会犯众怒，给大家留下非常不好的印象。正确的做法是鼓足勇气承认自己的错误，认错并不会损害你的形象和地位，反而会因负责任的态度赢得大家的尊重和认可。

2. 接纳犯了错误的自己

有些人是完美主义者，对自己要求太过苛刻，一旦犯错就会背上沉重的心理负担，自责、悔恨像影子一样挥之不去。其实，犯错没有什么大不了，一定要学会接纳错误，接纳犯了错误的自己，用积极的态度面对问题、解决问题，而不是在犯错的压力下日渐抑郁。

3. 一定要及时修正错误

犯错并不可怕，只要能及时停下脚步，迷途知返，错误反而会成为成功道路上的磨砺。真正有智慧的人，不会惧怕犯错误，也不会耻于承认错误。在他们看来，改正错误也是一种能力，更是提升自己的一种途径。

第十章

通往自由的心路：愿你在这一刻能随心而活

越自律越自由

人类体内有一个生物钟，它与现实生活中的时钟原理相同，都具有报时的功能。不同的是，时钟向人们报出的是时间，而生物钟向人们报出的是该做某件事情的信号。

对一个有午休习惯的人而言，每到午休时间，他的生物钟就会通过犯困、疲惫等生理反应，发出午休的信号；经常锻炼的人，如果没有及时做运动，生物钟会通过心理暗示提醒他该去锻炼了；到了吃饭时间，生物钟会通过饥饿感来提醒人们该吃饭了……

生物钟的形成与一个人的生活习惯息息相关，可以说，生物钟就是人类对习惯的记忆。任何事情有规律地坚持一段时间之后，就会形成习惯，并成为生物钟。想要形成自律的生物钟，需要从以下几点着手：

1. 让自律变成一种习惯

让自律变成一种习惯，这就要求人们在生活中有一定的自控力。比如，当你想向诱惑屈服时，就要发挥自控力的作用，不要给自己任何放纵的理由，必须运用自控力抵御住诱惑。时间一长，就会习惯性抵御诱惑。

很多家长认为爱孩子就是满足他的一切愿望。当要求得不到满足，孩子便会大哭，想通过这种方式达成所愿。而家长见到孩子哭，就慌手慌脚，方寸大乱，毫无原则，什么要求都答应。

时间久了，这样的生物钟就形成了，孩子想要做什么，家长不同意，他们知道只要大哭，家长便会乖乖地答应。等到孩子长大了，提出的要求超出家长的能力范围时，又该怎么办？孩子又会有什么样的行为呢？对于任何人而言，自律变成一种习惯都是非常必要的，因为任何人都不能为所欲为。

2. 针对某一方面培养自控力

由于每个人的生活轨道不同，可以有针对性地培养自身的自控力。比如，团队领导者除了有明辨是非的能力之外，还必须有海纳百川的度量，即便别人提出的意见具有批判性，也要理性分析。而客服工作者，则需要培养耐心听取客户投诉的自控力。从事不同工作的人，都要培养不同侧重点的自控力。

成功需要多点儿自控力，如果无法掌控自己的时间和工作，又如何在岗位上突破自我，取得非凡的业绩呢？术业有专攻，如果你在某一方面具备强大的自控力，能够随心所欲地进行创造性劳动，势必成为业内的优秀人才，真正实现自我价值。

3. 不放纵自己，不破坏生物钟

所谓："千里之堤，溃于蚁穴。"很多时候，好习惯被放弃都是因为一时的放纵。好习惯如果一直坚持，并不会觉得有什么不舒服，可是一旦改变，就很难再恢复。因此，对于一些好习惯，千万不要随意找借口去破坏。

自律是成功的开始，放纵是失败的开端。养成良好的习惯很难，需要付出艰辛的努力；但是，放纵自我却易如反掌，顷刻间让你从高峰跌到山谷。因此，优秀的人始终遵循严格的作息规律，让自己保持最佳的竞技状态，拥有强大的竞争力。

抬起头，才能看到星星

怨愤情绪常常积于胸中，让人整天愁眉不展。是因为人们缺少理解之心吗？是因为人们缺少进取之心吗？其实都不是。根本原因是因为人们缺乏感恩的心。只盯着事情的灰暗面，而从不主动发掘事情背后的光亮面，只抱怨自己所失，而从不感谢自己所得，怎么会有快乐呢？

美国肯塔基大学的大卫·斯诺登教授曾以同一家修道院的修女为研究对象做了一次实验。在修道院里，大家的生存条件和生活条件是一致的，甚至接受的思想都是无差别的。但是，这些修女看待世界的视角以及感受快乐的能力却是不同的。

其中，有两个修女，分别对过去一年的修道院生活做出了总结。一位修女这样写道："在圣母修道院作为预备修女的这一年，我接受了思想和精神的洗礼，领悟了很多人生和自然的真理，我感到非常幸福。所以，我期盼未来的日子，能开启更多的智慧与快乐。"

另一位修女则是这样写的："我迫于世俗生活的苦难和压力来到圣母修道院，现在已经一年过去了，我虽然被灌输了很多的知识和思想。可是家庭的境遇却并没有因此而改变。我依然不知道未来的希望在哪里。"

两个修女的总结有什么不同？第一个修女积极乐观，充满着喜悦和期盼；第二个修女字里行间充满了悲观和抱怨，没有因为收获知识而感激，反而更加感慨无法改变的过去。

这两段总结代表了什么？代表的是两个修女的心态和视角，以及透过这个视角所折射出的内心世界。快乐其实就是这么简单，心中有希望的人，看到的自然就是希望，心中有满足的人，感受到的自然就是快乐。

生活的戏弄或者社会的压力，乃至人际关系的芜杂，确实带来了很多心理负担。但是，这就应成为人们不快乐的理由吗？凡事都有两面性，难道不能从中发掘出有利的、值得感恩的一面吗？

印度诗人泰戈尔曾说："没有岩石的碰撞，哪来浪花的美丽？"在奔流不息的生命之河中，试着以感激之心对待那些拦路石吧，正因为它们的击打，才绽放出了生命中一朵朵美丽的浪花。

心情不好时，总是把所有的罪过归咎于外在世界，却从不为自己寻找值得感谢和开心的理由。其实，快乐很简单。只要你看到了快乐，你就是快乐的；只要你找到了快乐的理由，哪怕是快乐的借口，你也能变得快乐起来。

人生不可能一帆风顺，当你的付出没能换来同等的回报时，不要怨天尤人，而应把痛苦化作前进的动力。感谢遗弃你的人，是他们教会了你要独立；感谢欺骗你的人，是他们增长了你的阅历；感谢伤害你的人，是他们磨砺了你的心智。

看淡得失，心灵才会找到归宿

生活中，难免会因为各种原因失去心爱的东西。当自责、沮丧袭来，人会变得痛苦不安。对于已经发生的事情，如果一味地苛求，除了令人感到无比烦恼外，不会有任何其他帮助。倒不如从容一些，看淡人生得失。

很多时候，人的痛苦与快乐，并不是受客观环境影响，而是由自己的心态、情绪决定。最重要的是，你如何看待眼前的一切，如何面对得与失。

如果在竞技中失去了获得冠军的机会，那恰恰说明还有进步的空间；如果在社交中失去了朋友，正好可以明白谁是真心相待；如果失去了金钱，可以用自己的双手赚回；如果你丢失了物品，可以用金钱再去购买。但是，如果失去了快乐，就再也找不回来了。所以，在任何情况下，看淡得失，坚守快乐，是获得幸福的关键。

得与失往往是变幻无常的，它们之间有着奇妙的关系。有时候，得到就是失去，失去就是得到，得到中蕴含着失去，失去中也孕育着得到。所以，在荣辱得失之间，无须久久徘徊，不必苦苦挣扎，应当坦然面对。

随着林间鸟儿的歌声，新的一天开始了。马路上的车辆逐渐增多，人们又要开始一天的忙碌。在马路边的超市门口，停着一辆小货车，它在给周围商铺送货，车主是一位叫扎多尔的年轻人。

扎多尔爱说爱笑，和周围店铺的老板关系非常好。把小货车停好，他就开始往超市搬货物，一会儿就累得满头大汗。超市的保安看到扎多尔太辛苦，就在空闲之时赶过来帮忙。扎多尔报以感激的微笑，干得更卖力了。

保安没有经验，不知道货物摆放的窍门。当他把一箱啤酒搬开之后，一箱牛奶摇摇欲坠。保安一时紧张，回身去扶牛奶，几瓶啤酒从怀里掉下来。当他又弯下身子抢救啤酒时，一整箱牛奶瞬间落到地上。

喧闹的街市一下子安静下来，人们都在等待着扎多尔的反应。有人认为，他会破口大骂，说自己倒霉；有人说，他肯定会让保安赔偿，这可怜的保安。但是，所有人都想错了，扎多尔既没有沮丧，也没有埋怨保安。他跑到绿化带和人行道边四处张望，嘴里还叫着什么。不多时，从四面八方跑来几只流浪猫。这些小猫咪闻到鲜奶的香味非常兴奋，美美地饱餐了一顿。

事后，保安问扎多尔："你不觉得可惜吗？一大箱牛奶就这样没了。你可能工作很长时间才能赚来这一大箱牛奶的钱呢！"

扎多尔无所谓地说："你又怎么知道我失去了牛奶，就没有别的收获呢？看着猫咪吃饱喝足的样子，我收获了快乐。如果没有这一箱牛奶的失去，我怎么能看到这么多猫咪可爱的样子呢？"所以，有时候失去就是得到，我们不应该把得失看得太重要。

生活中，能够做到坦然面对荣辱，平静接受得失，并不容易。面对生活的戏谑，面对现实的无情，面对错失的爱情，更多的人会苦恼不堪，在无休止的埋怨中丢失了平静的生活。

人生在世，常怀平常心才会活得潇洒自由。在得失面前，学会沉淀自己的心情，才能在得与失中找寻到真正的快乐。一个人能够坦然面对人生的失去，就会发现生活正在另一个方面给予另外的补偿。

遇见未知的自己

在我们身边，总有一些人对生活、工作抱有不满，虽然一直怀揣着梦想，却始终无法得志。还有一些人一直在暗自思忖，如何让自己的人生过得更精彩，但平日里却不思进取，安于现状。他们之所以不能如愿以偿，是因为长期以来被固有的习惯、思维所束缚，虽然有各种目标及理想，却从来不曾为此付诸行动。

人们看过乔治·凯利讲述关于固定角色治疗的实验报道，才知道每个人的性格都是可以改变的。当原来的思维方式或行为习惯无法帮你实现目标时，可以参考周围成功者的做法做出相应的改变。这时，你会遇到一个未知的自己，并惊奇地发现自己的潜力如此巨大。

1905年，乔治·凯利出生在堪萨斯州的一个农场。高中毕业后，他取得了物理学学位，来到明尼苏达州教授公共演讲。后来，他放弃了教学工作，进入艾奥瓦州立大学学习，并获得心理学博士学位。

在大萧条时代，农业家庭面临着各种各样的困难，乔治·凯利深知这一点。于是，他立志做一个热情的心理学家。起初，他借鉴弗洛伊德的心理学方法，让农民们躺在沙发上，将自己的梦境描述出来。可是，对文化程度很低的农民来说，这套理论太难以理解了。为此，他创造了一种更为实际的方法解决大家的问题。

凯利的早期发明之一是"镜子时间"。他让人们在镜子面前坐半小时，观察自己在镜中的样子，然后回答下面的问题：你喜欢镜中的人吗？镜中的人是你理想中的样子吗？你在自己的脸上是否发现了一些别人不曾注意到的东西？虽然凯利知道人们很喜欢盯着自己的眼睛看，但他并不确信这种对镜沉思的方法能给人带来益处。所以，他决定根据此前公共演讲教学的经历，鼓励人们探索其他看待世界的方法。

之前大量的治疗经验告诉凯利，人的性格是多变的。就好像演员在职业生涯中会扮演各种类型的角色一样，人们在一生中也会变换不同的身份。

除此之外，凯利还坚信，人们看待自己的方式是心理问题产生的根源。因此，为了给病人做心理治疗，首先要帮助他们建立正确的身份认同。他给自己的方法取名为"固定角色治疗"，并且随着时间的推移，还发明了一系列帮助人们建立新的身份认同的有效方法。

固定角色治疗的第一个阶段包括多种练习，目的在于帮助人们深入认识自己。其中，最经典的一个练习是将自己和熟人进行对比，从而确定其所属人群的心理特点。此外，还有一个练习，是以第三人称的方式写一段简短的自我介绍。

然后，当事人要根据以上练习得出的结果，建立一种全新的自我认同。显然，这需要被测验者对自己的性格进行全面检查或者调整。接着还要认真想一想，当面对生活中的各种遭遇时，这个"新的自己"会如何行动。最后，进行角色扮演，以准确把握全新的行为方式。

在固定角色治疗的第二个阶段，最好用两个星期的时间"扮演"这个全新的角色。结果表明，几个星期之后，人们完全忘记了自己是在"扮演"，至此一种新的身份认同已然形成。

凯利在研究中经常听到病人陈述，这个新的自己之前一直就存在，只不过没有被发现而已。正如"表现"原理预料的一样，通过扮演他们想要成为的样子，人们建立了新的身份认同，遇见了另一个自己。

很多人无法成功实现设定的目标，或难以达到全新的高度，并不是能力不足，主要是因为当事人被自己固有的性格所束缚。事实上，普通人根本想不到通过固定角色治疗完成自我救赎，遇见未知的自己；另一方面，这个全新的、充满正能量的自我恰好能够实现预期的目标，完成长久以来未曾实现的目标。可以说，在没有发现另一个神奇的自我之前，许多努力都是白费的。

　　人的潜能是巨大的，不过在苦难面前，很容易被埋没，或消解得烟消云散。尤其是个性悲观、消极的人，几乎感受不到它的存在，也无从发现另一个神奇的自我。对自我设限的人来说，困境就意味着失败；但对一个意志坚强、目标坚定的人而言，走投无路往往能激起内心更大的潜能。如果你梦想着有所成就，千万别给自己的人生设限，永远不懈地探索、尝试，终究会有无穷的发现，并遇见那个未知的自己。

与人攀比，你会变得不自在

人和人之间没有可比性，每一个人生下来都有自己独特的体貌特征，而且后天受到的教育和社会经历都不一样，所以大家都是独特的。然而生活在群体中，人们会不由自主地与周围的人比较，比长相、比金钱、比地位，等等。

显然，如果拿自己的短处和别人的长处相比，很容易导致心理失衡，引发焦虑情绪。

其实，许多时候与人攀比是毫无意义的，这样做只会扰乱自己的心性，失去分寸感，成为情绪的奴隶。而如果把有限的精力放在如何提升自我、改变自我上面，相信一定会有令人惊喜的成就。

在英国，有一个关于"攀比先生"大卫的故事，给许多人带来了有益的启示。

邻居盖了一幢别致的三层房屋，美丽的花园、大气的车库、宽敞的卧室令人艳羡。"攀比先生"大卫看到这一切，心里十分气愤："哼，难道只有你家有钱盖房子吗？明天我就把房子拆了，然后盖新的！"

第二天，大卫真的把那幢五十年的老房子拆掉，还找来了施工队，让他们盖一幢五层的别墅。并且，他特别强调新房子要比邻居家气派。

施工过程中，大卫异常挑剔，多次提出返工。最后，施工队忍无可忍，生气离开了。然后，大卫又找来其他施工队，但是都没合作成功。结果，新房子没盖起来，老房子也拆掉了，最后大卫只能在邻居的新家旁边搭了一个草棚。

五十岁的时候，大卫还没有成家。其实，他年轻的时候有过一段恋爱经历，双方相处很融洽。那么，为什么大卫后来一直单身呢？原来，镇上一个光棍曾经嘲笑大卫，说大卫没本事像自己一样单身一辈子。一气之下，大卫竟然赶走了女友，并且声称自己要单身一辈子。从此，再也没有姑娘愿意和他相处了。

大卫只活了六十岁，而他去世也是因为与人攀比。当时，一位老人随口说自己比大卫先死。结果，大卫气愤不过，竟然喝安眠药自杀了。据说，他还给那位老人留了一句话："我终于比你先死了。"

很多人看了大卫的故事会笑，不过这未尝不是生活中你我的写照。凡事过分计较，比工资、比学历、比吃穿，这种攀比令人情绪失衡，变得焦虑不堪。其实，焦虑不是因为生活不够美好，而是因为太看重别人的生活，而失去了自我。

生活中保持一种良好的心绪，不与他人攀比，就会少很多焦虑和忧思。这个世界上本来就没有绝对公平，如果总是怀着一颗攀比心工作、生活，就无法摆脱心理失衡的窘境，平添许多痛苦和无奈。

做最好的自己，不活在别人的影子里，自然会少很多患得患失的忧虑。在纷繁复杂的人生途中，平平淡淡才是常态，活在自己的心境中，就不会被外界打扰。

可以独处，但是心不寂寞

布莱希特说，"独立思考是人类最大的乐趣"。人因思维的不同而美丽，学会独立思考，才能使人独具魅力。

在不借助外界帮助的情况下，通过自己的探索和思考来解决问题，是一种生存之道。善于独立思考不是人天生就有的，而是在后天学习中收获的。显然，独立思考可以帮助我们解决一系列问题，找到规律性的东西。

有智慧的人往往都经历了独立思考的寂寞，身心承受过无助、迷茫、孤寂的考验。可贵的是，他们在茫茫未知的旅程中坚守自我，积极探索研究，最终开创性地理解这个世界，甚至发现许多智慧成果。

从个人心理成长的角度看，一个人心灵的成熟也离不开独立思考，需要在独处中反思自我，甚至在某些关键时刻做出历史性的选择。可以这样说，没有经历过独处的人不成熟，没有在思想上经历过独立思考的人不睿智。在人生成长的各个阶段，独处都是必经的时刻。

有人问耶鲁大学校长："大学生到大学来，最主要的三个任务是什么？"对此，校长回答："首先，对学生来说，就是要对任何事情都提出质疑。其次是学习，虽然你应该先提问题，但你需要学习、读书，以得到更多的信息来回答这些问题。最后是独立思考得出自己的结论。"

在这里，耶鲁大学校长强调学习的目的是自己寻找答案，自己探究真理。他指出，任何结论都必须是自己独立思考之后得出的，而不能拾人牙慧。

一个人偶尔从众，这本无可厚非，但是一个人、一个民族时时处处习惯从众并成为一种常态，这就是一场悲剧了，也是历史的悲哀。在个人成长的道路上，盲目从众只能暴露愚昧无知的一面，而独立思考会使人心智迅速成熟起来，从而有更大作为。

独立思考源自独立的品格，体现了一个人的果断和魄力，当然也需要阅历与知识的支撑。更多时候，独立思考是一种珍贵的习惯，在个人心理、心智发展中起到关键性的作用，令人受益终身。拥有独立思考能力的人善于发现问题，能够通过思考、分析找到答案。

在我们身边，那些具备独立思考精神的人拥有比别人更宽广的视野，思维也会更加缜密。当然，他们也更善于发现、抓住机遇，从而在生活和事业上有所成就。对他们来说，习惯独处和思考之后，一个人天马行空考虑问题不再是一种孤寂，反而成为一种享受。

懒于思索，不愿意钻研和深入理解，自满或满足于微不足道的知识，都是心智贫乏的原因。这种贫乏用一个词来称呼，就是"愚蠢"。如果你不希望自己愚蠢，就一定要学会独立思考，在独处中完成心灵的成长。